Anusmriti Ghosh
Lasker Ershad Ali

Modelo Black-Scholes de determinação do preço de opções na DSE em duas janelas temporais diferentes

Anusmriti Ghosh
Lasker Ershad Ali

Modelo Black-Scholes de determinação do preço de opções na DSE em duas janelas temporais diferentes

ScienciaScripts

Imprint

Any brand names and product names mentioned in this book are subject to trademark, brand or patent protection and are trademarks or registered trademarks of their respective holders. The use of brand names, product names, common names, trade names, product descriptions etc. even without a particular marking in this work is in no way to be construed to mean that such names may be regarded as unrestricted in respect of trademark and brand protection legislation and could thus be used by anyone.

Cover image: www.ingimage.com

This book is a translation from the original published under ISBN 978-3-659-83013-6.

Publisher:
Sciencia Scripts
is a trademark of
Dodo Books Indian Ocean Ltd. and OmniScriptum S.R.L publishing group

120 High Road, East Finchley, London, N2 9ED, United Kingdom
Str. Armeneasca 28/1, office 1, Chisinau MD-2012, Republic of Moldova, Europe
Printed at: see last page
ISBN: 978-620-8-19651-6

Índice:

Agradecimentos

Este projeto de tese foi concluído com a ajuda de muitos colaboradores. Antes de mais, estou extremamente grato ao meu orientador, **Lasker Ershad Ali**, Professor Assistente da Disciplina de Matemática da Universidade de Khulna, que me deu sugestões e apoio valiosos para o meu estudo independente. Recomenda sempre excelentes livros e trabalhos académicos interessantes que são muito vantajosos para os meus estudos para a tese.

Em segundo lugar, gostaria de manifestar o meu apreço a **Masudul Islam,** professor da disciplina de Estatística da Universidade de Khulna, que fez comentários úteis e pormenorizados sobre o meu trabalho. Embora nunca me tenha ensinado nenhuma disciplina específica de matemática, aprendi várias coisas através dos seus comentários, nomeadamente a escrita matemática e os conhecimentos estatísticos.

Finalmente, agradeço a todos os meus respeitáveis professores da disciplina de Matemática pelos seus conselhos e comportamento cordial, que nos inspiraram a concluir este trabalho. Gostaria também de agradecer a todos os funcionários da disciplina de matemática pela sua ajuda.

Resumo

O objetivo deste artigo é verificar se o modelo original de fixação de preços de opções Black-Scholes se adapta ou não a um período de crise financeira. Para o efeito, examinamos a qualidade dos preços teóricos derivados do modelo, comparando dias de negociação "normais" e "anormais". Para o efeito, calculámos os valores teóricos de 494 opções segundo os pressupostos de Black-Scholes. Comparámos estes valores teóricos com os preços reais de mercado, a fim de testar o grau de desvios em duas janelas temporais diferentes (antes de 5th dezembro de 2010 e depois). Encontrámos evidências claras de que o modelo Black-Scholes teve um desempenho diferente no período após 5th dezembro de 2010 do que no período anterior.

Palavras-chave: Modelo Black-Scholes, Crise financeira, Precificação de opções, Índice DSE-20.

Dedicado aos nossos amados pais

Capítulo 1
Introdução

1.1 Antecedentes

O mercado de acções é uma das instituições financeiras mais importantes do Bangladesh. Abre a porta às empresas para angariarem um enorme montante de capital junto de muitos investidores individuais dentro e fora do país. O crescimento de novas empresas não seria possível sem a disponibilidade de acções e o desenvolvimento dos mercados financeiros. Milhões de pessoas no Bangladesh investem o seu dinheiro na Bolsa de Valores de Daca e na Bolsa de Valores de Chittagong, porque é mais popular do que investir em qualquer outro sector de investimento e porque a sua liquidez é mais favorável do que a de qualquer outro sector de investimento do Bangladesh. Mas, por vezes, estas bolsas de valores são altamente afectadas por influências internas e externas que podem causar crises financeiras.

A crise financeira tem uma importante revelação para os decisores políticos e economistas. A crise financeira reforçou a lição de que as finanças precisam de regulamentação e de evitar o risco excessivo que é alimentado por uma alavancagem excessiva. A grave crise de confiança dos investidores desencadeou enormes vendas nas bolsas de valores de todo o mundo. A crise teve um efeito destrutivo imediato na riqueza financeira e imobiliária, com a queda dos mercados bolsistas a resultar numa enorme perda de riqueza patrimonial. A crise financeira foi causada por dois factores. Um deles é o facto de as políticas macroeconómicas globais terem afetado a liquidez dos sistemas bancário e de crédito e o outro é um sistema de regras muito pouco eficaz. O resultado da crise foi uma inversão dramática da sorte nos mercados bolsistas de todo o mundo. Expôs o lado negro e o lado bom. É igualmente útil salientar a dimensão positiva, em especial dos mercados bolsistas, antes de discutirmos a sua fragilidade face a choques externos. Para diminuir este tipo de crise, é igualmente importante a previsão da volatilidade. Esta tem também um papel importante na compreensão da opção. (Lemma e Amar, 2009).

Uma opção é um contrato financeiro que dá ao comprador o direito de comprar ou vender uma quantidade especificada de um ativo financeiro subjacente a um determinado preço de exercício e prazo de vencimento. As opções são muito úteis porque satisfazem as necessidades do investidor avesso ao risco, bem como do especulador. Um dos factores mais importantes de uma opção é o prémio. Este representa simplesmente o preço que o comprador tem de pagar pelo direito de expirar a opção. Estes tipos de instrumentos financeiros permitem a adoção de posições longas ou curtas. Depende da posição se o agente tem um risco negativo limitado ou ilimitado e uma possibilidade positiva limitada ou ilimitada. Além disso, permitem negociar em relação a um fator interessante, a volatilidade. A volatilidade é uma medida do grau de movimento dos preços de uma ação.

A volatilidade gera preços teóricos quando inserida na fórmula de Black-Scholes. Em 1973, Fischer Black e Myron introduziram pela primeira vez a fórmula de Black-Scholes para as opções. A sua abordagem deu origem à famosa fórmula de Black-Scholes. Esta fórmula baseia-se em alguns pressupostos: movimento geométrico browniano, vendas a descoberto, ausência de custos de transação, instrumentos sempre isentos de risco, ausência de pagamento de dividendos. Desde então, foram introduzidos ainda mais modelos, mas o modelo de Black-Scholes é o mais popular. Este facto leva um investigador a justificar a necessidade de testar a teoria de Black-Scholes e não qualquer outro modelo de determinação do preço das opções (Andrea Angeli e Cornelius Bonz, 2010).

Existem mais estudos empíricos sobre o modelo de Black-Scholes, que são os seguintes Bodurtha, Courtadon e June (1987) testam um modelo americano de precificação de opções em moeda estrangeira. McKenzie, Gerace e Subedar (2007) utilizam regressão qualitativa e uma abordagem de máxima verosimilhança para aplicar o modelo de Black-Scholes à bolsa de valores australiana. Whaley (1982) centra-se na avaliação das opções de compra americanas e no declínio esperado do preço das acções à saída do dividendo em acções que pagam dividendos. Cox, Ross e Rubinstein (1979) apresentam um caso limite especial do modelo de preços de opções de Black-Scholes. Kuldeep Shasti e Kishore Tandon (1986) apresentaram um teste empírico de um modelo de avaliação de opções americanas sobre contratos futuros. Fischer Black e Myron Scholes (1973) apresentam o preço das opções e das obrigações das empresas. Concluem que o modelo Black-Scholes é um modelo adequado para descrever o período de turbulência do mercado financeiro.

A economia do Bangladesh tem sido afetada através de vários canais, principalmente devido à sua crescente integração na economia global. A bolsa de valores contribui para o desenvolvimento industrial do país, o crescimento económico e a criação de emprego. Assim, a bolsa de valores é um dos sectores potenciais do desenvolvimento financeiro de um país. Mas a bolsa de valores do Bangladesh não é um mercado eficiente. Para que o mercado seja eficiente, não há alternativa ao desenvolvimento económico do país para construir um mercado de acções forte e estável com os esforços concertados de todos. Existem muitos outros modelos, mas o modelo de Black-Scholes é um modelo adequado para descrever a crise do mercado financeiro. O objetivo desta tese é examinar a qualidade dos preços teóricos derivados do modelo, comparando dias de negociação "regulares" e "irregulares".

1.2 Metodologia

O objetivo é mostrar como os dados foram recolhidos, através de que método e fonte e o processo de análise dos dados. No nosso trabalho, decidimos que não pretendemos alargar ou melhorar o modelo Black-Scholes. Em vez disso, adoptamo-lo como uma medida para verificar a sua credibilidade em diferentes condições de mercado. Assim, a ideia de aumentar o nosso conhecimento é a principal motivação para a investigação. Por outras palavras, o nosso estudo é orientado pela perspetiva dos estudantes e não, por exemplo, pela perspetiva dos acionistas, dos corretores ou das agências de notação.

1.3 Fonte de dados

Os dados utilizados para esta investigação foram obtidos na Bolsa de Valores de Dhaka. Utilizámos o índice DSE20, que constitui um dado secundário. Neste estudo de investigação, recolhemos dados da biblioteca da DSE, a fim de recolher todos os dados financeiros de que necessitávamos para as nossas análises. Aí encontrámos todos os preços históricos e informações relacionadas com o índice DSE 20, bem como a medida de volatilidade continuamente composta. Também utilizámos dados publicados pelo Banco do Bangladesh. Trata-se do Banco Central do Bangladesh, que fornece dados sobre as taxas de juro históricas dos Bilhetes do Tesouro.

1.4 Descrição dos dados

Os dados foram recolhidos na Bolsa de Valores de Dhaka para os anos de 2010 a 2011. Dividimos os dados em duas partes para encontrar o nosso resultado. A primeira parte contém 237 dados e a segunda[nd] contém 257 dados. As distribuições são as seguintes: 3rd janeiro de 2010 a 2nd dezembro de 2010 e 5th dezembro de 2010 a 12 de dezembro de 2011.

1.5 Descrição da presente tese

A estrutura da tese será a seguinte:

O capítulo 2 apresenta a revisão da literatura. No capítulo 3, são descritos a discussão dos resultados e a análise dos dados. Por fim, no capítulo 4, são apresentadas as conclusões.

1.6 Computação

Se houver um intervalo de transacções em que não se conheçam eventuais acontecimentos, os dados são ajustados com base na média de dois intervalos mais próximos e os intervalos longos, ou seja, os dias feriados e os dias de semana, são eliminados. Para calcular os dados, foram utilizadas regras como a taxa de juro sem risco (r), a volatilidade (ff), a distribuição normal cumulativa, a opção de compra e a opção de venda. Apesar disso, utilizámos o SPSS 20, o MINITAB e o MS EXCEL 2007 para o cálculo do gráfico.

Capítulo 2
Revisão da literatura

2.1 Introdução

O crash do mercado bolsista é um declínio acentuado e inesperado dos preços do mercado bolsista durante um período de tempo muito curto, geralmente acompanhado do declínio dos preços de muitos outros activos. No Bangladesh, ocorreram diferentes quebras de acções em 1996 e 2010-2011. O modelo Black-Scholes é um modelo importante em relação a qualquer outro modelo. Tem alguns pressupostos: movimento geométrico browniano, vendas a descoberto, ausência de custos de transação, instrumentos sempre isentos de risco e ausência de pagamento de dividendos. O movimento geométrico browniano também tem pressupostos que são os retornos das acções normalmente distribuídos e a volatilidade subjacente.

Este capítulo foi organizado em várias secções. A organização do presente capítulo é a seguinte: o resto do capítulo está dividido em doze secções. A Secção 2.2 destaca a história e a estrutura da Bolsa de Valores do Bangladesh, a Secção 2.3 e a Secção 2.4 descrevem a Bolsa de Valores de Daca e a Bolsa de Valores de Chittagong. A secção 2.5 refere-se às comissões de segurança e de câmbio (SEC). A secção 2.6 contém os colapsos do mercado financeiro. A secção 2.7 descreve os colapsos nacionais. A secção 2.8 descreve o modelo de preços das opções Black-Scholes. A secção 2.9 apresenta o pressuposto do movimento geométrico browniano. A Secção 2.10 descreve o pressuposto de venda a descoberto. A Secção 2.11 descreve o pressuposto de ausência de custos de transação. A Secção 2.12 descreve o pressuposto de instrumentos sem risco e o pressuposto de ausência de dividendos.

2.2 Bolsa de Valores do Bangladesh

A história do mercado bolsista do Bangladesh foi abordada nesta parte do estudo. Também foi discutida a função das bolsas de valores de Dhaka e Chittagong. Também se explica a estrutura do mercado de capitais do país, a comissão de segurança e de câmbio como regulador do mercado e uma importante organização do mercado. O percurso da bolsa de valores do Bangladesh começou em 28 de abril de 1954 como East Pakistan Stock Exchange Association Ltd. Nessa altura, o Bangladesh era governado pelo Paquistão e o nome do país era Paquistão Oriental. A negociação neste mercado começou em 1956 com um capital total realizado de 4 mil milhões de Taka e 196 títulos foram cotados neste mercado. Em 23 de junho de 1962, a bolsa passou a designar-se Dhaka Stock Exchange (DSE) Limited. As transacções na Bolsa de Valores de Daca foram suspensas de 1971 a 1976 devido à guerra de libertação e à debilidade da economia pós-independência. A negociação foi retomada em 1976, com 9 títulos cotados e um capital total realizado de 137,52 milhões de Taka.

2.2.1 Estrutura do mercado bolsista do Bangladesh

2.2.1.1 Mercado primário

As ofertas públicas iniciais (OPI), a nova emissão de acções de uma empresa, são realizadas através do mercado primário. As empresas podem emitir novos títulos depois de obterem autorização das autoridades reguladoras do mercado.

2.2.1.2 Mercado secundário

O mercado secundário lida com títulos existentes ou títulos emitidos anteriormente. Os títulos podem ser vendidos ou comprados neste mercado. Numa bolsa de valores, a maior parte dos valores transaccionados provém do mercado secundário. Este mercado também está dividido de acordo com as suas diferentes caraterísticas de negociação.

i) **Mercado público**: Os instrumentos são negociados neste mercado em volume normal, o que se designa por quota de lote.

ii) **Mercado à vista**: A negociação é feita em volume normal no âmbito de acções empresariais e deve ser liquidada em 24 horas.

iii) **Mercado de blocos**: Neste mercado, um grande volume de instrumentos é transaccionado numa base de "pick & fill".

iv) . **Mercado de lotes ímpares**: Lote ímpar refere-se a uma quantidade de acções que é inferior ao lote de mercado. Os lotes ímpares de todos os instrumentos são transaccionados através de pick & fills neste mercado. Basicamente, os lotes ímpares são gerados a partir de emissões de bónus e direitos.

2.2.2 Liquidação

1) Negociação no mercado público, de blocos e de lotes ímpares: O comércio no mercado público, de blocos e de lotes ímpares tem dois períodos de liquidação diferentes para as acções das categorias A, B, G, N e Z e a liquidação é executada através da câmara de compensação da bolsa de valores. Neste caso, o período de liquidação é o mesmo para as categorias A, B, G e N. No entanto, para a categoria Z, o período de liquidação das acções é diferente.

(a) Categorias A, B, G e N

A liquidação é efectuada através da câmara de compensação DSE ou CSE em T+1 (dia de entrada) e T+3 (dia de saída)

(b) Categoria Z

Liquidado com base em T+1 (dia de entrada) e T+9 (dia de saída).

ii) Negociação no mercado à vista (categorias A, B, G, N e Z): O período de liquidação é o mesmo para todas as categorias de acções negociadas neste mercado através da câmara de compensação que é T+0 (dia de entrada), T+1 (dia de saída).

iii) Liquidação dos operadores estrangeiros: Os compradores e vendedores estrangeiros liquidam as suas transacções entre si, envolvendo o banco depositário. A transação é processada em T+5 (dia de entrada) e T+6 (dia de saída).

2.3 Bolsa de Valores de Daca (DSE)

A Bolsa de Valores de Daca é a primeira bolsa de valores do país. A Bolsa de Valores de Daca começou a funcionar em 14 de maio de 1964, depois de ter passado a designar-se East Pakistan Stock Exchange Limited. A Bolsa de Valores de Daca (DSE) está registada como sociedade anónima e as suas actividades são reguladas pelos seus estatutos, regras e regulamentos, bem como pelo Securities and Exchange Ordinance - 1969, Companies Act - 1994 e Securities & Exchange Commission Act - 1993. Em 1987, o número de empresas cotadas na DSE aumentou para 92. Mas o grande desenvolvimento do mercado é visível na década de 1990, em comparação com qualquer outra altura desde a sua criação. (Economy watch, 2010). A DSE utiliza um sistema de negociação automatizado. O sistema foi instalado em 10th agosto de 1998 e foi sendo atualizado ao longo do tempo. A última atualização foi feita em 21 de dezembro de 2008. Há 238 membros e um total de 507 valores mobiliários cotados na Bolsa de Valores de Daca. Os dias úteis da DSE são 5 dias por semana, sem sábados, domingos, feriados públicos e outros feriados governamentais. O horário de negociação começa entre as 10:30 e as 14:30 horas. As opções de investimento para um investidor neste mercado são acções ordinárias de empresas cotadas, fundos mútuos, obrigações e obrigações. No início, a DSE tinha apenas um índice. No entanto, atualmente existem três índices diferentes: o preço de todas as acções, o índice geral (A, B, G e N) e o DSE 20.

2.3.1 Funções do DSE

As principais funções são:

> Admissão à cotação de empresas (de acordo com os regulamentos de admissão à cotação)

> Fornecer a negociação automatizada baseada em ecrã de títulos cotados.

> Liquidação das transacções (de acordo com os regulamentos relativos à liquidação das transacções).

> Oferta de acções/concessão de aprovação à transação/transferência de acções fora do sistema de negociação da bolsa (de acordo com o Regulamento de Admissão à Cotação 42).

> Administração e controlo do mercado.

> Fiscalização do mercado.

> Publicação da Monthly Review.

> Acompanhamento das actividades das empresas cotadas (de acordo com os regulamentos de admissão à cotação).

> Investors grievance Cell (Eliminação de queixas por leis de 1997).

> Fundo de proteção dos investidores (em conformidade com os regulamentos relativos ao fundo de proteção dos investidores de 1999).

> Aviso de preços sensíveis ou outras informações sobre empresas cotadas na bolsa através da Internet.

2.4 Bolsa de Valores de Chittagong (CSE)

A Bolsa de Valores de Chittagong é a segunda bolsa de valores do Bangladesh. Diz-se que a CSE é a pioneira do mercado de capitais moderno do país, uma vez que introduz tecnologia moderna e apoio logístico sofisticado. Foi constituída como uma organização sem fins lucrativos auto-regulada em 1 de abril de 1995 e formalmente inaugurada em 4 de novembro de 1995. Iniciou a sua atividade comercial através do sistema de "cry out". Em seguida, a Bolsa de Valores de Chittagong iniciou a primeira bolsa de negociação automatizada do país. A CSE iniciou a sua negociação automatizada em 2 de junho de 1998 e o serviço de negociação pela Internet em 30 de maio de 2004. O horário de negociação da CSE é entre as 11:00 e as 15:00 horas. Os dias úteis e feriados da CSE são iguais aos da DSE. A CSE é composta por 25 membros, dos quais 12 são eleitos através da eleição dos membros da CSE, 12 membros são eleitos de diferentes áreas económicas e sociais importantes do Bangladesh e o diretor executivo é nomeado e designado pelo seu próprio conselho, mas a aprovação da SEC é obrigatória.

Atualmente, a CSE tem 147 membros e 238 títulos cotados. Existem quatro mercados diferentes na CSE, nomeadamente o mercado público, o mercado à vista, o mercado de blocos e o mercado de lotes ímpares. A negociação é efectuada através destes quatro mercados. A, B, N, G e Z são as cinco categorias de empresas cotadas na CSE, sendo de referir que na categoria G não existe qualquer empresa. A Bolsa de Valores de

Chittagong tem os seus próprios índices para calcular os movimentos do seu valor total de mercado. Até 10 de outubro de 1995, a CSE manteve apenas um índice, o índice de preços de todas as acções. Atualmente, a CSE tem 3 índices na bolsa de valores. Os índices são o índice de preços de todas as acções, o índice seletivo da CSE (CSE-30) e o índice das categorias selectivas da CSE.

2.5 Comissões de Segurança e Câmbio (SEC)

A Comissão de Valores Mobiliários tem por objetivo proteger os interesses dos investidores, melhorar os mercados de valores mobiliários, emitir valores mobiliários de forma adequada e orientar corretamente a legislação em matéria de valores mobiliários. As organizações e os intermediários mais importantes sob a supervisão da SEC são a DSE, a CSE, a CDBL, os corretores de bolsa, os bancos comerciais e as sociedades de gestão de activos (Khaled, 2011). O Governo do Bangladesh criou a Comissão de Segurança e Câmbio (SEC) em 8 de junho de 1993, ao abrigo da Lei da Comissão de Valores Mobiliários de 1993. A comissão é composta por um presidente e quatro membros. O presidente e os membros da Comissão de Valores Mobiliários são nomeados pelo Governo do Bangladesh. A SEC está diretamente ligada ao Ministério das Finanças e tem o direito de supervisionar toda a legislação e regulamentação em matéria de valores mobiliários. De acordo com o Securities and Exchange Ordinance, 1969, a SEC tem poderes para controlar até as instituições auto-reguladoras, por exemplo, as bolsas de valores.

2.6 Quebra dos mercados financeiros

O crash do mercado é uma perda de mais de 10% em poucos dias num mercado de acções. O crash do mercado bolsista é um declínio acentuado e inesperado dos preços do mercado bolsista durante um período de tempo muito curto, normalmente acompanhado pelo declínio dos preços de muitos outros activos". Provoca perdas de capital significativas para os investidores e especuladores. Os participantes no mercado entram em pânico, o que leva a mais perdas. Serão apresentados diferentes crashes de acções numa perspetiva internacional, nomeadamente o crash da bolsa de 1987 e o crash da bolsa do Bangladesh em 1996 e 2010-2011.

2.6.1 Quedas no mercado internacional

O crash de 1987 é conhecido como a "Segunda-feira Negra", que levou à falência mais de 500 mil milhões de dólares de investidores. Durante os primeiros 6 meses de 1987, o valor do dólar americano diminuiu em comparação com outras moedas do mundo. Como resultado, os produtos e serviços dos EUA tornaram-se menos caros para outros países. Assim, o valor das exportações aumentou e as empresas tiveram mais lucros e crescimento dos preços das acções no mercado de acções. Antes do crash, o mercado de acções estava a registar fortes ganhos durante quase todo o ano de 1987. O desenvolvimento do mercado dos EUA atraiu investidores estrangeiros e o investimento estrangeiro duplicou entre 1986 e 1987, o que contribuiu para o aumento dos preços das acções. (Money-Zine, 2011). Antes do crash, o quadro macroeconómico registou um aumento das taxas de juro em todo o mundo e da inflação (Carlson, 2006). A "Bull Run" de formação de bolhas no mercado continuou durante cinco anos, a partir de 1982. O Dow passou de 776 pontos em agosto de 1982 para um pico de 2722,42 pontos ou cerca de 250% em agosto de 1987. No dia 14 de outubro, quarta-feira de manhã, duas notícias significativas levaram à perda de preços das acções e à deterioração das condições de mercado nos dias seguintes da semana. A primeira foi a apresentação de legislação pelo Comité de Formas e Meios da Câmara dos Representantes dos EUA para erradicar as vantagens fiscais associadas ao financiamento de fusões. Outra notícia foi o défice comercial de agosto, que ficou muito acima das expectativas.

Figura 1: Índice S&P 500 na altura do crash (Fonte: Carlson, 2006)

De 14 a 16 de outubro, o Dow perdeu mais de 260 pontos e o S&P 500 perdeu 10 por cento. Esta mudança dramática provocou ansiedade entre os investidores durante o fim de semana. [th]Os investidores estavam preocupados com a solução do mercado na segunda-feira (Money-Zine, 2010). O cenário mudou com suficientes ordens de compra a meio da manhã de 20 de outubro. O mercado ganhou 102 pontos ou cerca de 6 por cento nesse dia. Outro aumento significativo foi registado no dia 21 de outubro, com 186,84 pontos ou 10%. O dia apresentou o maior ganho percentual num dia desde 1933.

2.6.2 Causas do acidente

Diferentes analistas encontraram diferentes factores que afectaram a queda da bolsa em 1987. Alguns são comuns aos analistas e outros não. As razões consideráveis para a queda das bolsas apontadas por diferentes analistas de mercado, economistas e organizações são apresentadas a seguir:

2.6.2.1 Chamadas de margem e liquidez

Quando os investidores pagam uma parte da contratação no mercado futuro em dinheiro ou instrumentos selecionados numa conta com um corretor, o que se designa por margem. Para garantir as obrigações do investidor quando o contrato expira, são necessárias mais margens se o valor do contrato diminuir. Este processo é designado por chamada de margem. Na "Segunda-feira Negra", o movimento dos preços dos contratos de futuros criou um montante recorde de chamadas de margem para as empresas, que eram cerca de 10 vezes superiores à dimensão média. Os pagamentos cobrados são pagos aos investidores cuja posição ganhou. Alguns investidores perderam a capacidade de entrar em novas posições devido aos valores de cobertura adicionais e alguns precisaram de conceder crédito para efetuar o pagamento. Como os investidores não conseguiram pagar as margens, os corretores efectuaram valores de cobertura adicionais de emergência com posições de opções expostas, que se presumiu serem liquidadas devido ao incumprimento dos valores de cobertura adicionais. Este fenómeno ocorreu repetidamente, o que possivelmente criou uma pressão de venda no mercado e os mercados não foram capazes de lidar com estas ordens de venda (Carlson, 2006).

2.6.2.2 Escassez de informação

Segundo Carlson (2006), com base no relatório de inquérito de Robert Shiller sobre os participantes no mercado na Segunda-feira Negra, os investidores reagiram mais aos movimentos de preços do que a qualquer notícia específica. Algumas acções não foram negociadas a tempo, o que não forneceu informações corretas sobre as cotações e os índices de acções. Além disso, o rápido movimento dos preços e os rumores sobre o fecho do mercado levaram os investidores a colocar ordens de venda.

2.6.2.3 Negociação de programas

A Summit Financial Advisors declarou que muitos analistas acusaram a negociação de programas, especialmente o seguro de carteira, como uma das principais razões para o crash. Neste tipo de negociação, os computadores ordenam automaticamente grandes transacções de acções quando prevalecem certas tendências do mercado. Os analistas acusaram os programas de negociação de venderem cegamente acções quando os preços desceram em 19 de outubro.

2.6.2.4 Títulos derivados

Os investidores não investiram apenas no mercado de acções propriamente dito, mas também em opções de índices e mercados de futuros. Os mercados de opções e de futuros são designados por derivados, uma vez que o seu valor deriva da alteração dos preços das acções. A Comissão Brady, encarregada de analisar as razões do crash, concluiu que a falta de sincronização entre os mercados de acções e os mercados de derivados foi um fator importante que contribuiu para a gravidade do crash.

2.6.2.5 Défice comercial e orçamental

As notícias sobre o enorme défice comercial dos EUA levaram os investidores a pensar que os preços das acções dos EUA iriam baixar, como refere Itskevich (2002). O Secretário do Tesouro, James Baker, sugeriu a necessidade de uma descida do dólar, o que levou os investidores estrangeiros a retirarem os seus investimentos denominados em dólares.

2.6.3 Medidas tomadas após o acidente

A Reserva Federal e outras entidades reguladoras do mercado envidaram esforços para melhorar as condições do mercado e os seus fracos fundamentos. A Reserva Federal tomou imediatamente as medidas necessárias para recuperar as quedas do mercado e trazer confiança aos investidores. Na terça-feira de manhã, logo após a Segunda-feira Negra, a Reserva Federal anunciou que iria apoiar a liquidez do mercado, o que trouxe confiança aos investidores e ganhos significativos para o mercado. A Reserva Federal trabalhou com os bancos e as empresas de valores mobiliários para obter crédito suficiente para garantir a liquidez e o financiamento dos corretores e operadores. Os funcionários do Banco da Reserva Federal de Nova Iorque apelaram aos quadros superiores de diferentes bancos da cidade de Nova Iorque para que continuassem a disponibilizar crédito aos membros das câmaras de compensação, a fim de satisfazerem os pagamentos de margem necessários (Carlson, 2006). Foram instalados novos sistemas informáticos de negociação nas bolsas de valores para desenvolver a eficácia, a precisão, a eficiência e a produtividade da gestão de dados. Os requisitos de margem foram alterados para diminuir a volatilidade das acções, dos futuros sobre índices e das opções sobre acções. A Chicago Mercantile Exchange e a New York Stock Exchange adoptaram um mecanismo de "circuit breaker". O objetivo do mecanismo de "circuit breaker" é: a negociação seria interrompida durante uma hora se o Dow caísse mais de 250 pontos e durante duas horas se caísse mais de 400 pontos.

2.7 Acidentes nacionais

2.7.1 Quebra da bolsa do Bangladesh em 1996

O cenário do crash da bolsa em 1996 e o crash em 2010-11 são totalmente diferentes. Durante o crash de 1996, as acções em papel eram vendidas à frente da DSE e não era fácil para os investidores identificarem as acções falsas e as originais. O mercado estava suficientemente desenvolvido para ganhar a confiança dos investidores. Não existia um sistema de negociação automatizado, a vigilância não era suficientemente forte e não existiam disjuntores nem protecções internacionais. De 1991 até ao final de 1995, o índice de preços da DGEN registou um aumento de 139,3%, atingindo 834 pontos. Mas, em 1996, o mercado registou uma mudança drástica e fez subir o índice de preços em 337%. O índice DGEN registou um elevado crescimento a partir de julho e situou-se em 3648,7 pontos ou 280,5% em 5 de novembro de 1996. Além disso, a Bolsa de Valores de Chittagong registou a mesma evolução e cresceu 258%. O índice da Bolsa de Valores de Chittagong aumentou de 409 para 1157 pontos em 1996, no espaço de um ano. (Bepari & Mollik, 2008) Durante o período de "Bull Run", foram registados novos recordes quase todos os dias em ambas as bolsas, por exemplo, a capitalização bolsista atingiu 2 mil milhões de dólares, o que equivale a 20% do PIB total. Quando o mercado ficou sobreaquecido, o Governo tomou medidas, vendendo instituições estatais e concedendo 2 mil milhões de Taka ao ICB para comprar acções e apoiar o mercado. Mas as medidas adoptadas pelo Governo não surtiram efeito. Finalmente, a subida anormal dos preços das acções começou a cair e a bolsa de valores do Bangladesh sofreu a sua primeira quebra histórica em 1996. O índice perdeu mais de 233 pontos em 6 de novembro de 1996. Após o rebentamento da bolha, o índice DGEN caiu para o seu ponto mais baixo, situando-se em 957 pontos em abril de 1997. O índice geral de preços DSE perdeu quase 70% do seu ponto mais alto em novembro de 1996. Em seguida, o índice continuou a diminuir durante os sete anos seguintes, até abril de 2004. Durante este longo período, o índice DGEN raramente ultrapassou os 1000 pontos do índice. (Mansur, 2010).

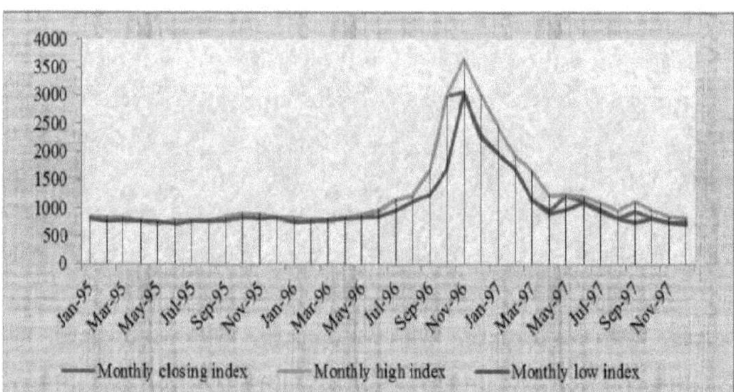

Figura 2: Gráfico DGEN (Fonte: Bolsa de Valores de Daca)

Para um foguetão alto, Effect of Policy Reforms on Market Efficiency: Evidence from Dhaka Stock Exchange e outros mencionaram que alguns gestores de carteiras estrangeiros, alguns corretores e patrocinadores de algumas empresas cotadas estavam por detrás da manipulação do preço das acções em outubro de 1996. Em consequência, o índice de preços das acções da DSE disparou dramaticamente de 1000 para 3600 pontos em seis meses. Poucos investidores estrangeiros e locais, que dispunham de informação privilegiada, obtiveram lucros enormes e muitos investidores em geral pagaram muito caro. A causa da queda da bolsa em 1996 foi o fracasso das autoridades reguladoras do mercado. As bolsas de valores não tomaram qualquer medida contra o aumento dramático dos preços dos títulos cotados durante o período de junho a novembro de 1996. A bolha formou-se devido à procura anormal de valores mobiliários por parte de novos investidores, quando o número de valores mobiliários cotados era muito reduzido. A razão para o enorme afluxo de investidores foi a estabilidade política do país e a confiança dos investidores. O sistema de entrega contra pagamento (DVP) de negociação permitia ao comprador-vendedor liquidar as suas transacções sem a participação da bolsa. Muitos corretores ou negociantes utilizaram-no como um instrumento para demonstrar falsas transacções, a fim de aumentar a procura de acções por parte dos investidores em geral. De acordo com a análise do Banco do Bangladesh, existia um mercado não autorizado, constituído por mais de 25 000 investidores fora da bolsa de valores, onde os títulos eram transaccionados a um preço muito elevado.

Além disso, a SEC não conseguiu lidar com a crise devido às suas infra-estruturas deficientes. A debilidade da regulamentação e da vigilância não permitiu controlar os manipuladores e os intermediários do mercado. A ineficiência da informação, as demonstrações financeiras artificiais certificadas por contabilistas, as informações falsas e os rumores foram outros factores importantes que sobreaqueceram o mercado e fizeram rebentar a bolha. O crash da bolsa de 1996 destruiu a confiança dos investidores. Finalmente, em 26 de dezembro de 1996, a SEC criou uma comissão de inquérito para investigar e descobrir os manipuladores por detrás do colapso da bolsa. A comissão publicou um relatório em 27 de março de 1997, no qual se identificava um certo número de empresas, investidores e corretores envolvidos na manipulação do mercado. A SEC obteve mandados de prisão contra 32 pessoas de 7 sociedades de corretagem e 8 empresas cotadas na bolsa e apresentou 15 processos em tribunal por fraude com acções. O governo e as autoridades reguladoras do mercado demoraram demasiado tempo a restabelecer as condições do mercado. A "Bull Run" de 1996 conduziu a algumas reformas positivas para o mercado. Criou uma vigilância mais forte e melhorou as regras relativas às emissões públicas, às emissões de direitos, às aquisições, às fusões e à vigilância do mercado secundário, que se tornou mais ativo do que antes. A SEC está a adotar regras e orientações rigorosas, disjuntores de negociação e normas internacionais de vigilância para proteger os direitos dos investidores e garantir um jogo limpo (Rashid, 2008).

2.7.2 Queda da bolsa do Bangladeche em 2010-11

A história das quedas da bolsa mostra que a "Bull Run" antes de uma queda da bolsa é um fenómeno normal. O crash da bolsa do Bangladesh em 2010-11 não foi exceção. Os factores mais importantes são a agitação política no Bangladesh, a declaração do estado de emergência e a tomada do poder pelos militares em 2007. Durante o regime militar, o investimento nos sectores reais e o IDE diminuíram, mas o afluxo de remessas estrangeiras aumentou. Os investidores tentaram encontrar um sector de investimento alternativo para aplicar as suas poupanças e consideraram o mercado de acções uma alternativa atraente (Khaled, 2011). Em 20 de dezembro de 2010, o número total de titulares de contas BO ascendia a 3,21 milhões, embora o número fosse de 1,25 milhões em dezembro de 2009 (CPD, 2011). A maioria destes novos investidores não tem conhecimentos suficientes sobre o mercado de acções, mas investe a maior parte ou a totalidade das suas poupanças no mercado. 238 sociedades de corretagem abriram 590 sucursais em 32 distritos. A operação de negociação baseada na Internet, a abertura de sucursais de corretoras em todo o país, o acesso fácil à informação sobre o mercado e a organização de uma "feira de acções" a nível nacional são factores que contribuem para o aumento dos investidores (CPD, 2011). Mas a oferta de novos títulos através de OPI não foi suficiente para atrair o enorme capital de demasiados investidores para o mercado. Os bancos e outras instituições financeiras do Bangladesh tinham um grande excesso de liquidez devido a menos oportunidades de negócio no período de recessão de 2009-10. Para minimizar os custos de suportar o excesso de liquidez e como uma grande oportunidade, estas instituições financeiras e os seus funcionários, bem como outras pessoas, contraíram empréstimos e investiram no mercado de acções. Isto provocou um enorme afluxo de liquidez no mercado de acções. Verificou-se que a transação diária no mercado de acções foi, em média, de 20 000 a 30 000 milhões de Taka em 2010, valor que duplicou em relação a 2009. Para fazer crescer a economia do Bangladeche em 7-8% por ano, o Banco do Bangladeche adoptou uma política monetária acomodatícia durante os períodos de inflação elevada, a fim de apoiar o investimento. O facto de a Taka ter sido subvalorizada provocou um crescimento excessivo da oferta de moeda. Uma grande parte deste excesso de liquidez foi para o mercado de acções, mas havia muito poucas acções no mercado. Em seguida, o governo voltou a alimentar a bolha depois de ter permitido o branqueamento do dinheiro negro através de benefícios e regimes fiscais. Além disso, a Security & Exchange Commissions não era capaz de controlar corretamente as condições do mercado. Devido à falta de controlo e de vigilância do mercado, os preços das acções das empresas da categoria Z e das pequenas empresas aumentaram drasticamente. Além disso, algumas iniciativas tomadas pela SEC não foram eficazes e alteraram frequentemente as suas diretivas, por exemplo, alterando 19 vezes as diretivas relativas ao rácio dos empréstimos com imposição de margens. A cronologia da queda histórica do crash foi dividida em duas secções: dezembro de 2010 e janeiro de 2011. 5 de dezembro de 2010 foi o último dia glorioso do ano para os investidores da bolsa do Bangladesh. Neste dia, o índice geral da bolsa de valores do Bangladeche (DGEN) atingiu o seu máximo histórico de 8918,51 pontos e bateu todos os recordes do volume de negócios da bolsa de 32,50 mil milhões de Taka. Em 2010, a Comissão de Segurança e Câmbio e o Banco do Bangladesh aplicaram muitas diretivas para manter o mercado sob controlo. Mas em dezembro, tanto o Banco do Bangladesh como a SEC alteraram muitas das suas diretivas anteriores e aplicaram outras novas. Em 6 de dezembro de 2010, a SEC introduziu uma diretiva que estabelece que as ordens de compra serão executadas após a compensação do cheque do investidor. No dia seguinte, foi aplicada outra diretiva denominada "netting facilities". Esta diretiva indica que nenhum investidor poderá comprar valores mobiliários contra os procedimentos de venda de quaisquer outros valores mobiliários durante o período de liquidação e compensação. Mas ambas as diretivas de 6 e 7 de dezembro foram anuladas em 8 de dezembro. A SEC alterou a diretiva relativa ao rácio dos empréstimos com imposição de margens, aumentando-o de 1:0,5 para 1:1 em 13 de dezembro e, mais tarde, foi novamente aumentado para 1:1,5 e 1:2 devido à queda livre dos preços das acções. No dia 1 de dezembro, o Banco do Bangladesh enviou 50 equipas a diferentes bancos de Dhaka e Chittagong para investigar e encontrou alguns bancos envolvidos em tais irregularidades. As principais medidas tomadas pelo Banco do Bangladesh em dezembro de 2010 foram a retirada dos empréstimos industriais ilegalmente investidos e o aumento dos SLR e dos CRR. A diretiva mais importante iniciada pelo

BB foi a retirada dos empréstimos industriais ilegalmente investidos até 31 de dezembro de 2010. Uma vez que grande parte do dinheiro reservado foi investido no mercado de capitais, os bancos começaram a vender acções e a retirar esse dinheiro do mercado. Nessa altura, os investidores entraram em pânico. Como as instituições e os bancos começaram a vender as suas acções desde o início de dezembro, o volume de negócios da bolsa de valores do Bangladesh atingiu o valor mais elevado da sua história em 5 de dezembro. 19 de dezembro foi um dia histórico do ano financeiro de 2010-11 na bolsa de valores do Bangladesh. Neste dia, a bolsa de valores do Bangladesh registou a maior queda num dia em 55 anos de história até à data, perdendo 551,76 pontos ou 6,71%. O índice de perdas foi ainda mais elevado do que os 284,78 pontos ou 3,32% de 12 de dezembro. No meio da sessão, recuperou um pouco e terminou a sessão em 7654 pontos. O cumprimento dos requisitos de CRR e SLR do BB dentro do prazo estipulado criou uma crise de liquidez no sector bancário e a taxa de juro da dívida pública atingiu um novo recorde de 180% em 20 de dezembro. A Corporação de Investimento do Bangladesh (ICB), os bancos comerciais estatais (SCB), os reguladores e o governo trouxeram algum tipo de estabilidade ao mercado após a grande queda de 19 de dezembro e a crise de liquidez. Em consequência, os preços das acções aumentaram entre 20 e 30 de dezembro e o índice situou-se em 8290 pontos no final do exercício financeiro de 2010-11.

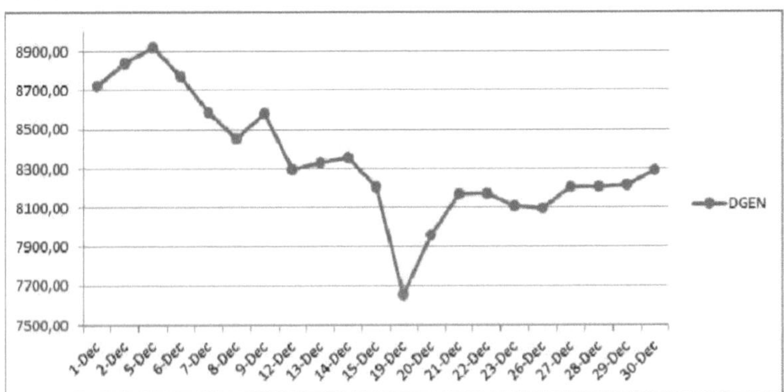

Figura 3: Índice DGEN diário da DSE de dezembro de 2010

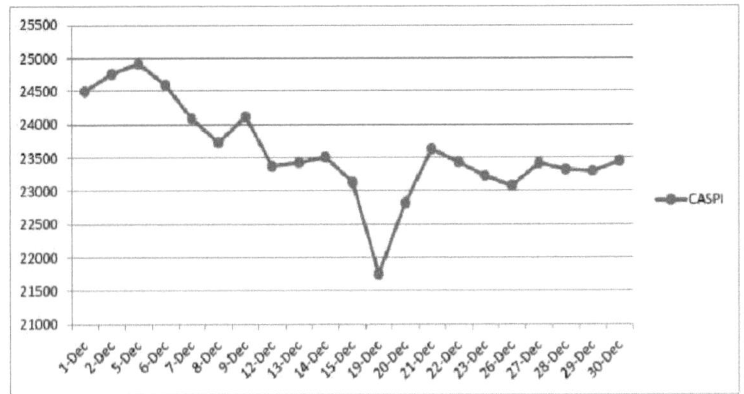

Figura 4: Índice CASPI diário da CSE de dezembro de 2010.

Os preços das acções começaram a cair a partir de 3 de janeiro de 2011, quando o investidor recebeu a informação da crise de liquidez em curso nas instituições financeiras e não financeiras que limitam os empréstimos com margem. A descida do índice é visível de 2 a 10 de janeiro. Em 9 de janeiro, o índice geral da bolsa de valores de Daca (DGEN) desceu 600 pontos e todos os índices desceram quase 7,75%. No dia 10 de janeiro, o índice geral da Bolsa de Valores de Daca (DGEN) perdeu 660 pontos ou 9% e o índice seletivo da Bolsa de Valores de Chittagong (CSE) desceu 914 pontos ou 6,8% em 50 minutos de negociação. O Índice de Preços de Todas as Acções da CSE (CASPI) situou-se em 19212,34, perdendo 1.396,21 pontos, o que representa 6,77%. O índice de categorias selectivas CSE (CSCX) perdeu 914 pontos ou 6,87% e o índice CSE -30 também perdeu 1490,83 ou 8,28%.

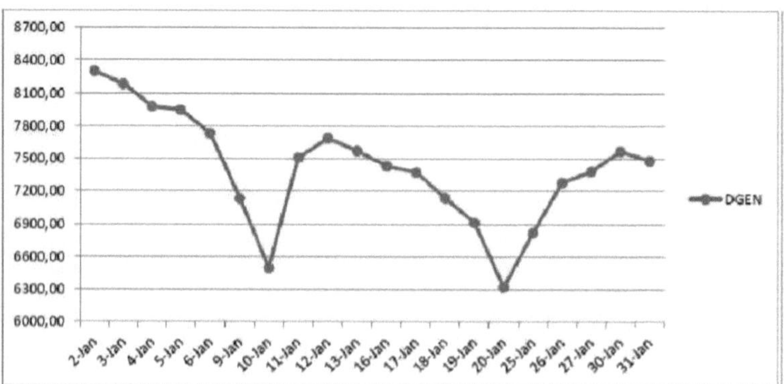

Figura 5 Índice DGEN diário da DSE de janeiro de 2011

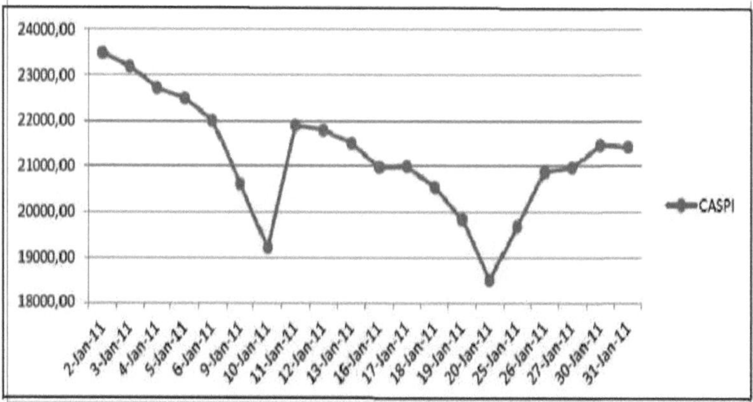

Figura 6 Índice CASPI diário da CSE de janeiro de 2011

Este valor bateu todos os recordes anteriores de descida do índice. Depois disso, a Comissão de Segurança e Câmbio convocou uma reunião de emergência com o Banco do Bangladesh e suspendeu as transacções nas bolsas de valores de Daca e Chittagong. Após dois dias consecutivos de queda histórica das cotações das acções, o governo, o Banco Central e a SEC tomaram medidas imediatas para estabilizar o mercado e incutir confiança em milhões de pequenos investidores. O governo exerceu pressão sobre o Banco do Bangladesh e a SEC para melhorar as condições do mercado. No dia 11 de janeiro, o mercado recuperou 15,6% do índice geral no final da sessão e bateu um recorde de ganhos na história da bolsa do Bangladesh. Além disso, foi pedido aos compradores institucionais que não vendessem acções, mas que as comprassem. O Banco do Bangladesh injectou dinheiro no mercado sob a forma de apoio à liquidez e de acordos de recompra. O índice começou a descer novamente em 18 de janeiro e o mercado atingiu o volume de negócios mais baixo dos últimos nove meses, ou seja, 8,49 mil milhões de taka. A SEC pediu à DSE e à CSE que suspendessem as transacções pela segunda vez num prazo de 8 dias. O índice geral da DSE (DGEN) desceu 243 pontos, ou seja, 3,29%, e o índice da categoria selectiva da CSE 298 pontos, após uma negociação de cerca de 2,4 horas. Embora o Governo, o BB e os reguladores tenham tomado e aplicado medidas para melhorar as condições do mercado e aumentar a confiança dos investidores, o índice de mercado registou uma forte descida no dia 20 de janeiro, caindo 599,77 pontos ou 8,68%. A partir de 26 de janeiro, verificou-se uma tendência de aumento do índice. Mas, finalmente, o índice atingiu o seu ponto mais baixo, 5579, de 7 a 14 de fevereiro (Khalid, 2011). Os factores que contribuíram para a queda são, na sua maioria, os habitualmente apontados por diferentes analistas de mercado, economistas e partes interessadas. Os factores responsáveis são a conta colectiva, a colocação de acções, o método de construção de livros, os rumores, etc. A má utilização destes factores está na origem do colapso do mercado de capitais. As razões para o crash do mercado de acções são as seguintes:

i) Papel das entidades reguladoras do mercado e dos seus funcionários

O papel da SEC é controlar e monitorizar o mercado de capitais. Mas alguns funcionários desonestos que regulam o mercado foram direta ou indiretamente responsáveis pela manipulação do mercado. O comité de admissão à cotação da DSE e da CSE examina o pedido de admissão à cotação da empresa, mas a SEC não o faz corretamente nem o aprova. A colocação de fundos mútuos e de IPO a um preço inferior ao valor de mercado tornou-se um novo método de suborno para os funcionários poderosos das entidades reguladoras. O relatório admite que a SEC não dispõe de pessoal suficiente, por exemplo, contabilistas qualificados, analistas financeiros e investigadores, para controlar e acompanhar o mercado.

ii) Desmutualização das bolsas

Existem membros eleitos e nomeados na DSE e na CSE. Os membros eleitos dirigem a administração devido ao menor interesse e relação dos membros nomeados. Consequentemente, os operadores do mercado de capitais actuam como controladores. Para os controladores, a inatividade durante as actividades não é ética devido ao conflito de interesses. No relatório de investigação, afirma-se que diferentes actores do mercado de capitais e da sociedade civil apoiam e exigem a desmutualização das bolsas. O significado de desmutualização consiste em separar as funções de controlo das funções de controlador, conferir poderes ao controlador e tomar decisões sem ser motivado pelos intervenientes no mercado.

iii) Investimento do banco no mercado de capitais

Em 2009 e 2010, os bancos e as instituições financeiras investiram grandes quantidades de dinheiro dos depósitos no mercado de acções. Em consequência, os preços das acções subiram em flecha até dezembro de 2010. Quando o Banco do Bangladesh restringiu o investimento de mais de 10% do dinheiro depositado, aumentou o rácio CRR e SLR, criou uma crise de líquidez e o mercado caiu.

iv) Processo pré-IPO e IPO

A comissão de inquérito considerou que, devido à manipulação antes da OPI e durante a OPI, os preços das acções subiram em flecha, o que constitui a principal razão para a queda do mercado de acções. Os manipuladores criaram ilegalmente e de forma pouco ética um mercado de Kerb na fase pré-IPO. Sem a recomendação do comité de admissão à cotação, o pedido de IPO foi aceite. A SEC não examinou a reavaliação anormal dos activos e o preço indicativo. Em consequência, na fase pré-IPO ou IPO, o processo de colocação e a negociação de colocação no mercado Kerb sobrevalorizaram os preços das acções. Este facto acabou por gerar uma crise de liquidez no mercado de capitais.

v) Valor nominal uniforme da ação

Durante a reunião entre a comissão de inquérito e os diferentes intervenientes no mercado de acções, a razão mais importante para a subida anormal do índice foi indicada como sendo o valor nominal uniforme das acções de 10 Taka. O desdobramento de acções não altera as receitas ou os activos de uma empresa e não deve afetar o preço das acções. Até 62 empresas cotadas dividiram as suas acções em 2009 e 2010. Por conseguinte, aumentou anormalmente a liquidez do mercado e provocou uma alteração notável na capitalização bolsista. O relatório de investigação mostra que a MC aumentou 655% nas empresas que adoptaram a uniformização das acções e apenas 46% nas que não a adoptaram. De julho de 2009 a dezembro de 2010, o papel da MC total foi de 81,5% nas empresas que adoptaram a uniformização das acções e de apenas 18,5% nas que não adoptaram.

vi) Comércio de colocação

Antes de emitir a IPO, o gestor da emissão ou a empresa emissora vende acções à pessoa por si designada, o que se designa por colocação privada ou colocação pré-IPO. A colocação privada é arriscada se não houver divulgação de informações contabilísticas. O comité de investigação constatou que, na maioria dos casos, a colocação foi oferecida a um preço inferior ao preço da OPI. Em 2009 e 2010, oito empresas emitiram acções preferenciais convertíveis, das quais 69%, em média, foram colocadas. Por conseguinte, a participação do público foi dificultada, o que deu origem a transacções de colocação. Algumas empresas distribuíram entre 50 e 90% do seu capital realizado através de colocação privada. No entanto, quando uma empresa obtém demasiado capital realizado através da colocação privada, o número de acções em circulação diminui. Além disso, as empresas não cotadas em bolsa criaram uma crise de liquidez, uma vez que os grandes investimentos foram efectuados nessas empresas. A colocação criou um novo processo de negociação fora do mercado de acções, o que é ilegal.

vii) Reavaliação de activos & Rumor

Ao aproveitarem o fraco método de reavaliação dos activos, as empresas sobreavaliaram os seus activos. Neste processo, os auditores desonestos elaboraram relatórios de auditoria artificiais. Assim, o cálculo do NAV com base em activos sobreavaliados indica um sinal errado. Existe uma regra que prevê a manutenção de uma provisão para "impostos diferidos" durante a reavaliação dos activos, a fim de pagar impostos no futuro, mas as empresas não a seguem. Os relatórios de investigação apontaram algumas empresas que obtiveram um VLA superior a 100% a 3 472% após a reavaliação dos activos.

viii) Método de construção de livros

É um procedimento para determinar o preço do IPO ao qual é oferecido. O preço justo é determinado pela procura de um título por parte dos investidores institucionais e pelo seu preço indicativo. O principal objetivo da introdução deste método no mercado bolsista do Bangladesh era atrair mais empresas para as bolsas de valores através de uma fixação justa do preço das acções. No entanto, este método foi considerado um instrumento de manipulação dos preços de mercado. O relatório de investigação revela que, durante a fase de descoberta do preço/licitação, os investidores manipularam os preços das acções para as colocar a um preço demasiado elevado. O preço elevado foi mantido apenas durante o período de lock-in e, em seguida, os investidores venderam as suas acções.

ix) Comércio em série e artificial

Alguns manipuladores criaram um ambiente artificial de negociação ativa entre si através de transacções em massa e aumentaram os preços das acções. Além disso, as transacções em série e a manipulação de preços através de muitas ordens de compra e venda através de diferentes contas e corretores, que sobreaqueceram o mercado.

2.8 Modelo de preço de opção Black -Scholes

No início da década de 1970, Fischer Black, Myron Scholes e Robert Merton fizeram um grande avanço na determinação do preço das opções sobre acções. Este facto envolveu o desenvolvimento do que se tornou conhecido como o modelo Black-Scholes. O modelo teve uma enorme influência na forma como os operadores de mercado fixam o preço e cobrem as opções. Foi também fundamental para o crescimento e sucesso da engenharia financeira nas décadas de 1980 e 1990. Em 1997, a importância do modelo foi reconhecida quando Robert Merton e Myron Scholes receberam o Prémio Nobel da Economia. Infelizmente, Fischer Black morreu em 1995; caso contrário, também teria sido, sem dúvida, um dos galardoados com este prémio. Aqui mostra-se o modelo de Black-Scholes para avaliar as opções de compra e venda do Bangladesh sobre uma ação que não paga dividendos. Explicamos como a volatilidade pode ser estimada a partir de dados históricos ou implícita nos preços das opções utilizando o modelo. Mostramos como o argumento de avaliação sem risco introduzido neste capítulo. Mostramos também como o modelo de Black-Scholes pode ser alargado para tratar as opções de compra e venda do Bangladesh sobre acções que pagam dividendos e apresentamos alguns resultados sobre a fixação do preço das opções de compra do Bangladesh sobre acções que pagam dividendos.

2.8.1 Equação diferencial parcial de Black-Scholes

A derivação da equação diferencial parcial (EDP) de Black-Scholes baseia-se no facto fundamental de que o preço da opção e o preço da ação dependem da mesma fonte de incerteza subjacente. Uma carteira não tem risco; deve obter a taxa de rendimento sem risco.

Eis como funciona a lógica:

$$\Delta S = \mu S \Delta t + \sigma S \Delta z \tag{2.1}$$

$$\Delta f = \left[\frac{\partial f}{\partial S} \mu S + \frac{\partial f}{\partial t} + \frac{1}{2} \frac{\partial^2 f}{\partial S^2} \sigma^2 \right] \Delta t + \frac{\partial f}{\partial t} \sigma S \Delta z \tag{2.2}$$

Criamos uma carteira coberta, n constituída por um número de acções e vendemos uma unidade do título derivado. A variação do valor da carteira é

$$\Delta \pi = -\Delta f + \frac{\partial f}{\partial S} \Delta S \tag{2.3}$$

$$= -\left[\frac{\partial f}{\partial S} \mu S + \frac{\partial f}{\partial t} + \frac{1}{2} \frac{\partial^2 f}{\partial S^2} \sigma^2 S^2 \right] \Delta t - \frac{\partial f}{\partial t} \sigma S \Delta z + \frac{\partial f}{\partial S} \mu S \Delta t + \frac{\partial f}{\partial t} \sigma S \Delta z$$

$$= -\left[\frac{\partial f}{\partial t} + \frac{1}{2}\frac{\partial^2 f}{\partial S^2}\sigma^2 S^2\right]\Delta t \tag{2.4}$$

Note-se que a incerteza devida a Az se anula e p., o prémio de risco, também se anula. Não só *An* não é descontrolado pela aversão ao risco do investidor.

Se o valor da carteira estiver totalmente coberto, então a ausência de arbitragem implica que deve obter apenas uma taxa de rendibilidade sem risco.

$$r\pi = \Delta\pi \tag{2.5}$$

$$r\pi\Delta = -\Delta f + \frac{\partial f}{\partial S}\Delta S$$

$$r\pi\Delta = r\left(-f + \frac{\partial f}{\partial S}S\right)\Delta$$

$$r\pi\Delta = r(-f)\Delta t \tag{2.6}$$

Assim, a partir de (2.5) obtemos,

$$r(-f)\Delta t = -\left[\frac{\partial f}{\partial S}\mu S + \frac{\partial f}{\partial t} + \frac{1}{2}\frac{\partial^2 f}{\partial S^2}\sigma^2 S^2\right]\Delta t - \frac{\partial f}{\partial t}\sigma S\Delta z + \frac{\partial f}{\partial S}\mu S\Delta t + \frac{\partial f}{\partial t}\sigma S\Delta z \tag{2.7}$$

$$r(-f)\Delta t = -rS\frac{\partial f}{\partial S}\Delta t - \frac{\partial f}{\partial S}\mu S\Delta t + \frac{\partial f}{\partial t}\Delta t - \frac{1}{2}\frac{\partial^2 f}{\partial S^2}\sigma^2 S^2\Delta t - \frac{\partial f}{\partial t}\sigma S\Delta z + +\frac{\partial f}{\partial S}\mu S\Delta t$$

$$+ \frac{\partial f}{\partial t}\sigma S\Delta z \tag{2.8}$$

E, finalmente, obtemos a conhecida equação diferencial parcial de Black-Scholes

$$rf = \frac{\partial f}{\partial S}rS + \frac{\partial f}{\partial t} + \frac{1}{2}\frac{\partial^2 f}{\partial S^2}\sigma^2 S^2 \tag{2.9}$$

2.8.2 Opções

As opções são contratos que conferem ao comprador (por vezes também designado por titular) o direito de rescindir o contrato, ao passo que o vendedor (por vezes também designado por subscritor) não tem qualquer opção e tem de acatar a decisão do comprador. Esta decisão depende do facto de ser ou não vantajoso vencer a opção. A expiração é vantajosa se a opção estiver "in-the-money", enquanto uma opção "out-of-the-money" não seria exercida.

O valor de uma opção que negligencia o prémio da opção é especificado da seguinte forma:

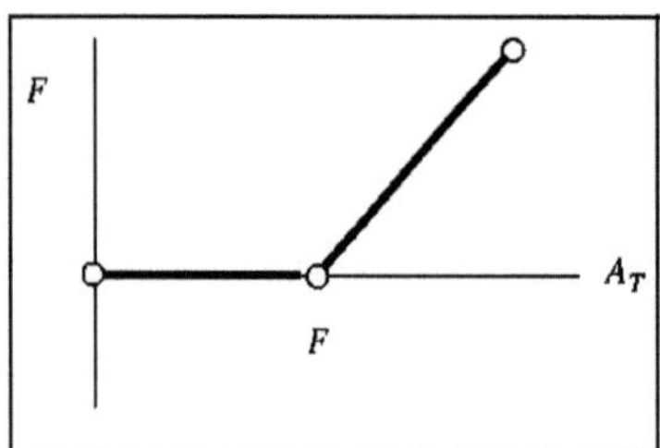

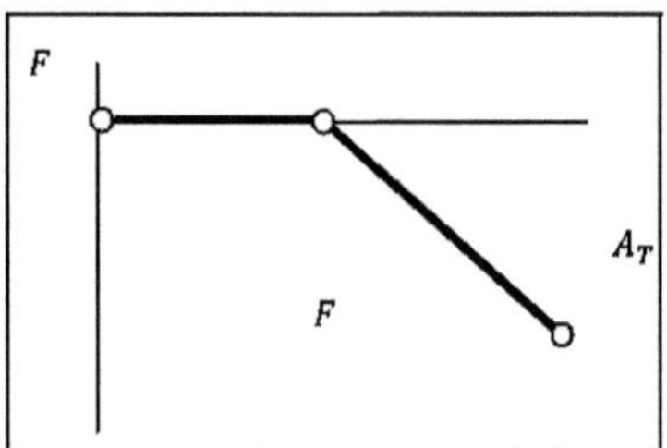

Opção de compra; comprador (posição longa)   Opção de compra; comprador (posição longa)

Figura 7 Opção de compra do comprador e do vendedor

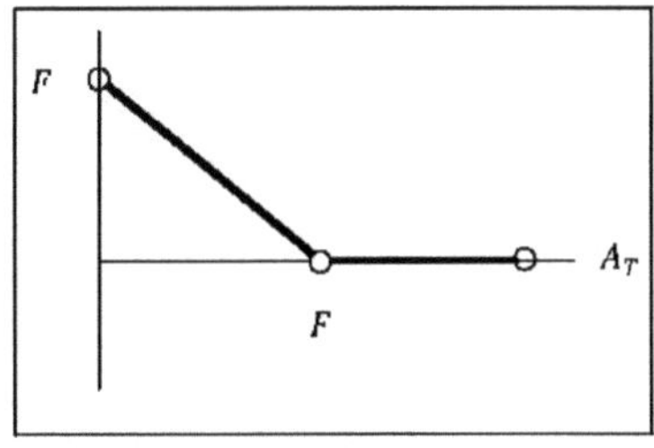

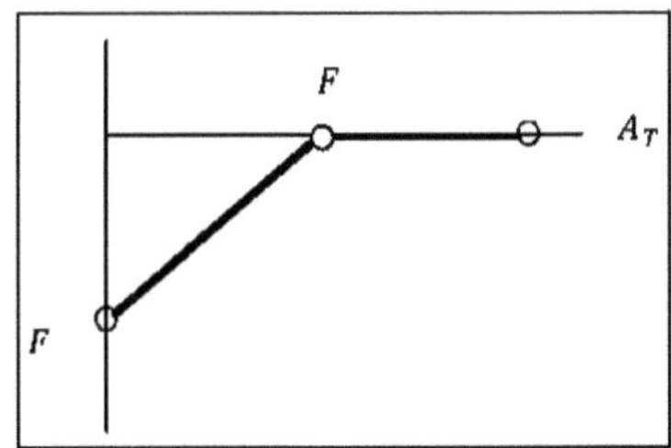

Put-option: buyer (long position)   Put-option: buyer (long position)

Figura 8 Opção de venda do comprador e do vendedor

Neste caso, F representa o preço de exercício da opção, que é o preço estipulado para o exercício da opção na maturidade, A_T representa o preço à vista do ativo subjacente no momento t e T é considerado o tempo até à maturidade, a partir de t = 0,,T. Uma questão muito importante e, em certa medida, também a motivação para este estudo é a diferença entre o valor e o preço de uma opção. Quando falamos de valor, referimo-nos ao valor intrínseco do contrato. Em contrapartida, o preço é o que é efetivamente pago pelo contrato quando este é negociado. Obviamente, no momento do vencimento, a avaliação de uma opção é trivial e o preço será igual ao valor, $preço = A_T$ Mas a avaliação alguns momentos antes do vencimento, ou seja, para pode ser uma tarefa bastante desafiadora, uma vez que ninguém é capaz de avaliar exatamente qual será o valor da opção no vencimento. Os preços de mercado antes do vencimento apenas reflectem as expectativas futuras, mas não correspondem necessariamente ao valor real. Este estudo analisa, em certa medida, este contraste, mas centra-se sobretudo nas diferenças entre períodos diferentes. Para além da dimensão da ação do contrato, foram introduzidos todos os conjuntos de dados a que um contrato pode ser reduzido no cálculo teórico do preço das opções. Nesta tese, é o prémio ou o preço de liquidação do contrato que está no centro das atenções. No entanto, para efetuar análises teóricas, são necessários ainda mais dados, nomeadamente a taxa de juro para títulos sem risco e uma estimativa da volatilidade futura do instrumento subjacente (Chriss, 1996). Para obter uma taxa de juro, acedemos a bilhetes do tesouro emitidos pelo Banco do Bangladesh. Esta instituição oferece bilhetes com maturidade de 3 dias e 7 dias. Para os cálculos dos preços teóricos das opções utilizámos sempre o título do tesouro correspondente que melhor se adequa ao prazo efetivo da opção. Considerámos apenas as opções com vencimento a 28 de fevereiro[th] 2011 e comparámos os seus preços reais de mercado com os preços teóricos de Black-Scholes entre 20 de setembro[th] 2010 a 2 de dezembro[nd] 2010,5 de dezembro[th] 2010 a 27 de fevereiro[th] 2011 e 28 de fevereiro[th] 2011 a 15th maio ,2011. Além disso, não quisemos misturar opções com datas de expiração diferentes, pois queríamos que os nossos dados fossem tão homogéneos quanto possível. Datas de expiração diferentes teriam possivelmente diluído (fraco) os nossos resultados e complicado o raciocínio final. Por razões relacionadas com o âmbito dos dados disponíveis, decidimos escolher a próxima data de expiração possível após o final do nosso horizonte de investigação especificado. Decidimos depender da volatilidade da Bolsa de Valores de Dhaka. Vamos falar um pouco sobre o prémio de uma opção. A diferença entre valor e preço é explicada aqui, mas qual é a relação do prémio com estas definições? O prémio de uma opção é simplesmente o preço que as duas partes num contrato de opção têm de acordar. Trata-se de um acordo direto ou de um formato normalizado. Os dados a que recorremos são, naturalmente, de formato normalizado, negociados na bolsa de valores de Dhaka. No entanto, na teoria dos preços das opções, não é o prémio de mercado que está no centro das atenções, mas sim o valor justo ou o valor teórico do prémio. Foi exatamente para isso que foi desenvolvido o modelo Black-Scholes de cálculo do preço das opções. Mas antes de entrarmos no cálculo dos valores teóricos, tentaremos dar uma melhor compreensão da fórmula.

2.8.3 O modelo de preços Black-Scholes

A fórmula de Black-Scholes para as opções de compra foi desenvolvida por Fischer Black e Myron Scholes em 1973. Baseia-se em alguns pressupostos, nomeadamente o pressuposto de não arbitragem. Durante toda a teoria do preço das opções, partimos do princípio de que não existem possibilidades de obter lucros arbitrários. Este pressuposto não é muito restritivo.

Os pressupostos do modelo Black-Scholes são

> Os preços das acções ou dos índices de acções seguem um Movimento Geométrico Browniano.

> É permitida a venda a descoberto.

> Não existem custos de transação.

> Existem sempre instrumentos sem risco, como os bilhetes do tesouro.

> Não há pagamentos de dividendos.

O último pressuposto pode ser facilmente abandonado num contexto mais geral. Quando falamos de modelos de determinação de preços, temos sempre de aceitar que não são preditivos no sentido literal, mas sim probabilísticos, ou seja, as afirmações sobre o futuro não são exactas, mas sim que estes modelos assumem que os preços futuros seguem uma determinada distribuição derivada de dados históricos e de outros dados de entrada relevantes. O pressuposto da distribuição fornece informações que permitem fazer afirmações sobre a probabilidade de preços futuros de acções ou de índices de acções.

1.1.4 O movimento browniano geométrico

O pressuposto de distribuição subjacente à fórmula de Black-Scholes é o Movimento Browniano Geométrico. Este pressuposto é motivado pelo seguinte raciocínio, de acordo com Black Scholes e Beyond: "A rendibilidade do preço de uma ação entre o momento presente e um período muito curto no futuro é normalmente distribuída."

Isto significa em equações:

$$\frac{\Delta A_t}{A_t} \sim N(\mu \Delta t, \sigma^2 \Delta B_t) \tag{2.10}$$

$$\Rightarrow \frac{\Delta A_{t+\Delta t}}{A_t} = \mu_A \Delta t + \sigma_A \Delta B_t \tag{2.11}$$

Aqui, A_t descreve o preço do ativo subjacente no momento t, $t+_A$ e o_A são coeficientes fixos e é o Movimento Browniano Padrão. De acordo com o Movimento Browniano Geométrico, o preço do ativo subjacente pode agora ser derivado e é definido como:

$$A_t = A_0 \exp \left(\left(\mu_A - \frac{1}{2} \sigma_A^2 \right) t + \sigma_A B_t \right. \tag{2.12}$$

A derivação desta expressão é, de facto, equivalente ao pensamento acima mencionado sobre o comportamento do preço das acções e requer um conhecimento profundo dos cálculos e técnicas da matemática estocástica, como a solução de equações diferenciais estocásticas e a integração estocástica.

1.1.5 A fórmula de Black-Scholes

A fórmula de Black-Scholes deriva, em última análise, do princípio da não-arbitragem. A ideia é construir uma carteira sem risco que supostamente represente uma estratégia de cobertura de replicação auto-financiada para a opção. O autofinanciamento significa que o lançador da opção não tem de financiar ele próprio esta posição de cobertura, mas pode utilizar o prémio da opção para entrar nesta posição. Replicar significa que a posição de risco na opção é coberta em todos os casos, independentemente da direção em que se move o preço do ativo subjacente.

Consideremos a fórmula propriamente dita. Necessita de cinco parâmetros de entrada:

> O preço da ação subjacente (A_t) ou do índice de acções no momento.

> A taxa de juro sem risco (r), que é a taxa dos bilhetes do tesouro no nosso caso.

> O preço de exercício (K) da opção.

> O tempo até ao vencimento (T).

> A volatilidade (o) da ação subjacente ou do índice de acções.

Após considerações mais detalhadas utilizando a ideia de uma estratégia de replicação auto-financiada para a opção e o facto de esta estratégia poder ser construída com base no pressuposto de uma distribuição normal, a fórmula de Black-Scholes para opções de compra pode ser finalmente apresentada (Chriss,1996).

$$C_t = N(d_1)A_t - \exp\big(-r(T-t)\big)KN(d_2) \qquad (2.13)$$

Com $N(.)$ = função de distribuição normal cumulativa $e\ d,\ d_2$ do seguinte modo

$$d_1 = \frac{\log\frac{S_t}{K} + \left(r + \frac{\sigma^2}{2}\right)(T-t)}{\sigma\sqrt{(T-t)}} \qquad (2.14)$$

$$d_2 = d_{1-}\sigma\sqrt{(T-t)} \qquad (2.15)$$

A fórmula para uma opção de venda pode ser facilmente obtida através de uma aplicação da paridade entre a venda e a compra.

$$P_t = -N(-d_1)A_t - \exp\big(-r(T-t)\big)KN(-d_2) \qquad (2.16)$$

Verificamos que estas fórmulas podem ser diretamente aplicadas se se pretender fixar o preço das opções sobre acções.

Agora é óbvio porque é que o preço de Black-Scholes se tornou tão popular.

1.1.6 Pressuposto do modelo de opção das escolas negras

Quando este pressuposto deixa de se verificar, existem oportunidades fáceis de arbitragem, uma vez que o preço da cobertura da opção será diferente do preço da própria opção. Lembre-se que ambas as posições são essencialmente equivalentes. A questão que se coloca é se este pressuposto é realista. Já mencionámos anteriormente que o pressuposto não é muito restritivo e isto é especialmente verdadeiro para mercados com muitas transacções, onde os mecanismos de procura e oferta garantem rápidos ajustamentos de preços. Pelo menos para a nossa investigação, que se baseia na Bolsa de Valores de Dhaka, que é claramente um ativo transaccionado de forma bastante contínua, é provável que aceitemos bem o princípio da não-arbitragem.

2.9 O pressuposto do movimento geométrico browniano

Esta é a hipótese mais restritiva porque a realidade fornece muitos exemplos que contradizem a ideia de que os movimentos dos preços das acções ou dos índices de acções têm as mesmas propriedades estatísticas que um Movimento Geométrico Browniano. Primeiro, assume que os retornos das acções são normalmente distribuídos, mas revelam que "os grandes movimentos nos preços das acções são mais prováveis do que um modelo de preços das acções normalmente distribuído poderia prever". Isto significa, na prática, que a probabilidade de grandes movimentos descendentes dos preços das acções é fortemente subestimada. Em segundo lugar, o Movimento Geométrico Browniano pressupõe que a volatilidade do subjacente é constante. Este pressuposto é também inerente aos nossos cálculos, embora trabalhemos com volatilidades que variam de dia para dia. Mas a volatilidade é naturalmente mantida constante num determinado cálculo teórico de preços. Na realidade, não são apenas as variações do ativo subjacente que afectam o valor de uma opção, mas também as variações da volatilidade que estão altamente correlacionadas com as variações do valor da opção, facto que não deve ser ignorado na análise dos preços teóricos das opções.

2.10 O pressuposto das vendas a descoberto

A carteira de cobertura que é construída para cobrir o risco da opção consiste numa posição longa e numa posição curta. Mais precisamente, o produto da posição curta é necessário para financiar a posição longa. Se existirem problemas na venda a descoberto de certos activos, todas as conclusões retiradas deste pressuposto são erradas e a estratégia de cobertura de Black-Scholes não será autofinanciável (Chriss, 1996).

2.11 O pressuposto de custo zero de transação

Na realidade, existem naturalmente custos de transação. Para citar apenas alguns, os spreads de compra e venda, as taxas de corretagem, as comissões, os custos de câmbio, etc. Tal como no caso das vendas a descoberto, estes custos também influenciam o custo total real da cobertura, deformando assim a relação entre o valor da posição de cobertura e o valor da opção. No entanto, para atenuar este ponto de crítica, podemos sugerir que os custos de transação apenas desempenham um papel secundário nos índices de acções.

2.12 O pressuposto de instrumento sem risco e o pressuposto de ausência de dividendos

De facto, existem sempre instrumentos sem risco. É provável que quase todos os Estados ofereçam títulos como os bilhetes do tesouro, sem esquecer a enorme quantidade de bancos e outras instituições financeiras em todo o mundo, que também oferecem investimentos monetários sem risco. A hipótese de não haver dividendos pode ser abandonada através de extensões fáceis do modelo original de Black-Scholes. Só para reiterar: esta foi a contribuição de Merton para esta área de investigação (Merton, 1973).

Capítulo 3
Resultados e discussões

3.1 Introdução

A opção de índice é um dos materiais mais importantes para a análise de dados. Estas opções de índice são negociadas com mais frequência do que as opções sobre acções individuais, pelo que os dados são mais fiáveis. Influencia a impressão de uma janela de pesquisa limpa do que as acções normais. Também assegura a consequência de dias de negociação normais e anormais que são igualmente distribuídos na nossa investigação. Isto é importante em termos de recolha de dados e de estudos empíricos completos para obter bons resultados de investigação. Para investigar os nossos resultados, os dados foram recolhidos em dois períodos, do início de 2010 ao final de 2011, e preparados para serem utilizados no modelo Black-Scholes. Para comparar o preço teórico e o preço de mercado e classificar os diferentes tipos de graus de desvio, subdividir as observações em sobrepreço e subpreço, a parte das estatísticas descritivas foi dividida em duas subsecções: "Medida da localização e dispersão da amostra" e "Exame baseado numa única observação".

Este capítulo foi organizado em várias secções. A organização do presente capítulo é a seguinte: o resto do capítulo está dividido em quatro secções. A secção 3.2 destaca a preparação e a organização dos dados, a secção 3.3 o cálculo dos preços teóricos e a secção 3.4 as estatísticas descritivas.

3.2 Preparação e organização de dados

Decidimos trabalhar com o índice DSE-20 como dados empíricos porque queremos aprender mais sobre o mercado de acções do Bangladesh e uma opção de índice porque não reflecte apenas uma empresa, mas dá uma imagem completa das empresas cotadas mais importantes no mercado considerado. Além disso, as opções sobre índices são mais frequentemente transaccionadas do que as opções sobre acções individuais, pelo que os dados são mais fiáveis e o bid-ask-spread tende a ser menor. Outra vantagem dos índices é o facto de serem mais poderosos para apoiar a impressão de uma janela de pesquisa "limpa" do que as acções normais, uma vez que não são tão vulneráveis a eventos que apenas dizem respeito a uma empresa em vez de todo o mercado. O horizonte de investigação é fixado em torno de uma referência importante, a imagem mais significativa durante toda a crise financeira, 5 de dezembro[th] em 2010. A partir daí, consideramos dados do mesmo número de meses antes e depois dessa data. Isto garante que a importância dos dias de negociação normais e dos dias de negociação anormais é igualmente distribuída na nossa investigação. Os investidores não precisam de muito tempo para reagir às alterações das condições de mercado (Hirshleifer, 2001), razão pela qual também é possível obter bons resultados analisando apenas seis ou sete meses. Isto é vantajoso em termos de recolha de dados, de estudos empíricos completos e do tempo necessário para produzir bons resultados de investigação. Por último, mas não menos importante, uma janela temporal bastante curta permite-nos afirmar que os fenómenos observados estão altamente relacionados com o evento acima mencionado. O nosso horizonte definido vai de 03/01/2010 a 2/12/2010 e de 5/12/2010 a 12/12/2011, ou seja, exatamente 237 e 257 dados, respetivamente. Após a recolha dos dados, estes tiveram de ser preparados para a nossa investigação. Algumas variáveis de entrada do modelo Black-Scholes tiveram de ser modificadas de modo a terem o desenho correto para uma aplicação no modelo Black-Scholes.

3.2.1 Variáveis de entrada de Black-Scholes

Existem cinco variáveis de entrada necessárias para trabalhar com a fórmula de fixação de preços de opções Black-Scholes. Estas são o preço do ativo subjacente, a sua volatilidade, o preço de exercício da opção, o prazo de vencimento das opções e a taxa de juro sem risco, uma vez que todo o modelo se baseia no princípio da não arbitragem. Todos estes dados foram recolhidos para o período de 2nd janeiro de 2010 a 12th dezembro de 2011. De acordo com o nosso ponto zero, a 5 de dezembro de 2010, comparamos os resultados dos nossos cálculos entre duas janelas temporais, o período anterior (237 dias de negociação) e posterior a 5th dezembro (257 dias de negociação). De seguida, apresentaremos brevemente quais os dados das variáveis de entrada que tiveram de ser modificados e de que forma o modelo modificado difere do original. A primeira variável de entrada (DSE-20) que queremos descrever aqui é o ativo subjacente, que é, na nossa investigação, um índice de acções da Bolsa de Valores de Dhaka. É composto pelas trinta acções mais transaccionadas na Bolsa de Valores de Dhaka e o facto de apenas um número limitado de empresas compor este índice garante que todas as acções subjacentes ao índice têm uma excelente liquidez, o que resulta num índice que é altamente adequado como subjacente a produtos derivados como as opções. Além disso, de acordo com a informação disponível na página oficial, o DSE 20 é também utilizado para produtos estruturados, como obrigações de índice, fundos transaccionados em bolsa e outros produtos derivados não normalizados. Em matemática financeira, o prazo de vencimento é normalmente representado de forma semelhante à das percentagens. Uma maturidade de um ano seria expressa com o número um, uma maturidade de dois anos com o número dois e assim por diante. Isto inclui a utilização de maturidades fraccionadas para períodos inferiores a um ano. O pressuposto predominante na matemática financeira é que um ano consiste efetivamente em 252 dias de negociação (Chriss, 1996). Assim, obtém-se, por exemplo, um prazo de $\frac{30}{}$

maturidade de $- = 0,119$ para uma opção de 30 dias. No nosso caso, tivemos de calcular o número de dias de negociação restantes para cada um dos nossos dias de negociação e depois dividir este número por 252 para obter o desenho correto para o vencimento. Para a taxa de juro sem risco, utilizámos simplesmente o rendimento dos títulos do Tesouro do Bangladesh. O seu ajustamento às nossas necessidades foi, em certa medida, semelhante ao ajustamento do prazo de vencimento, mas menos complicado. Uma vez que dispomos de informações sobre as taxas de juro dos bilhetes do tesouro emitidos pelo Banco do Bangladesh com base nos dias de negociação, mas apenas 91 182 e 364 dias de negociação, fomos obrigados a fazer corresponder cada opção à taxa de juro correspondente. Esta correspondência foi efectuada de acordo com o princípio de que cada opção deve ser associada à taxa de juro específica que, em termos de maturidade efectiva, melhor se adequa à opção. Ou seja, utilizamos a mesma taxa de juro para todos os dias de negociação no primeiro intervalo, outra taxa de juro para todos os dias de negociação no segundo intervalo e assim sucessivamente até três intervalos. É evidente que os limites dos intervalos são 137 $[= (91+182)/2]$ e 273 $[= (182+364)/2]$ .Como temos um total de 167 dias de negociação (de 20 de setembroth ,2010 até 15 de maioth ,2011), aplicámos a taxa de juro de 167 dias para todos os cálculos de preços no intervalo [20 de setembro^{th,} 2010; 26 de maioth ,2011], a taxa de juro de 51 dias para o intervalo [20 de setembroth ;2 de dezembro], a taxa de juro de 61 dias para o intervalo [5 de dezembro; 27 de fevereiro[th]] e a taxa de juro de 55 dias para o intervalo [28 de fevereiro; 15 de maio[th] ,2011]. Esta estratégia remonta a um trabalho (Bodurtha & Courtadon, 1987) em que também utilizaram as taxas de rendibilidade dos bilhetes do tesouro como taxa de juro sem risco e emparelharam opções e bilhetes do tesouro com maturidades correspondentes. No que diz respeito à volatilidade, optámos por adotar uma abordagem simplificada: utilizámos uma abordagem de volatilidade implícita para efetuar as nossas estimativas, seguindo o método proposto por Whaley (Bodurtha & Courtadon, 1987). Este procedimento pode ser considerado válido, principalmente por duas razões: em primeiro lugar, dá algumas indicações sobre as variações diárias da volatilidade e, em segundo lugar, dá mais credibilidade ao modelo como instrumento de avaliação. O mesmo acontece com as duas restantes variáveis de entrada, o preço do índice para as opções de venda e de compra e o preço de exercício. Estes dados podem ser utilizados para os cálculos sem outras modificações.

3.2.2 Metodologia de seleção de dados

Em primeiro lugar, gostaríamos de salientar novamente o facto de que apenas foram escolhidos os preços de mercado dos contratos de opções com vencimento em 5 de dezembro de[th] 2010. Entre todos os preços de exercício possíveis, selecionámos apenas os contratos que apresentam uma série histórica completa de preços para a janela temporal que temos em conta. Este procedimento foi aplicado tanto para opções de compra como de venda. Uma vez que apenas diferem nos preços de exercício e utilizam os mesmos pressupostos subjacentes, não é difícil executar duas vezes todas as tarefas de investigação. Mas, no final, temos o dobro da informação para os resumos e conclusões finais, o que torna a imagem do resultado mais sólida. É igualmente importante sublinhar que a dimensão da nossa amostra resulta num compromisso entre dois requisitos contraditórios: por um lado, a certeza e a exatidão dos resultados e, por outro, a necessidade de não evitar custos imensos e o compromisso de tempo para a investigação. O procedimento correto para determinar a dimensão da amostra tem em conta tanto a deteção da dimensão do universo que nos interessa como a escolha do nível de confiança e do erro máximo que estamos dispostos a aceitar. Estamos convencidos de que a nossa amostra é suficientemente grande para fazer uma análise correta, uma vez que recolhemos um total de 492 preços de contratos de opções de compra e venda.

3.3 Cálculo dos preços teóricos

As interpretações dos dois factores e são apresentadas a seguir

> $N(d_1)$ representa o fator pelo qual o valor atual do recebimento contingente do índice de acções excede o preço atual das acções.

> $N(d_2)$ representa a probabilidade, ajustada ao risco, de a opção ser exercida (Nielsen, 1992).

Há quatro tipos de diferenças que podemos trabalhar nas nossas análises. O primeiro e o segundo dizem respeito às diferenças percentuais, em que se pode distinguir entre valores reais e absolutos das percentagens. A terceira e a quarta referem-se a diferenças de preços reais que também podem ser apresentadas em números reais ou absolutos. Na passagem seguinte, vamos explicar quando é que decidimos utilizar qual a conceção dos desvios de preços. Por duas razões, decidimos não utilizar as variantes três e quatro, ou seja, trabalhar com diferenças de preços reais. Em primeiro lugar, trabalhar com percentagens em vez de números reais permite uma interpretação mais fácil dos resultados, uma vez que as percentagens contêm mais informações do que apenas números. A segunda vantagem da utilização de percentagens refere-se a um problema que surge com a agregação de dados. Na nossa agregação, necessitámos de médias ponderadas que incluíssem a dimensão da amostra total para chegar a conclusões; por conseguinte, necessitámos de percentagens como medida para as diferenças de preços. Mas, quando é que utilizámos a variante um e quando é que utilizámos a variante dois. Para a variante um, as diferenças percentuais reais foram aplicadas sempre que necessitámos de uma visão geral dos fenómenos nos dados. Em particular, a variante um permite diferenciar entre desvios de preços positivos e negativos. Para a variante dois, a conceção com diferenças de valor absoluto foi utilizada sempre que quisemos evitar que os valores positivos e negativos se neutralizassem mutuamente. Este argumento era particularmente importante para produzir uma imagem da magnitude pura dos desvios em relação a zero. Uma vez obtida a amostra de preços teóricos, calculámos as diferenças percentuais entre os preços de mercado e os preços teóricos. Para cada contrato de opção, calculámos as diferenças percentuais numa base diária, calculando a diferença real entre o preço de mercado e o preço teórico e dividindo esta diferença pelo preço de mercado. Como resultado, obtivemos uma medida de quanto os preços de mercado diferem em relação aos valores teóricos derivados da fórmula de Black-Scholes. Depois disso, pudemos agregar todos os contratos de compra e venda, respetivamente, para obter uma média diária das diferenças percentuais. Para obter uma imagem mais detalhada da nossa investigação de dados, subdividimos os dados em três categorias que consistem em diferentes tipos de dinheiro. Na prática, juntámos todas as opções in the money, at the money, e out of the money em grupos separados para fornecer uma análise não só da amostra total mas também num contexto mais diferenciado. A separação foi feita de acordo com o trabalho de (Pape e Merk , 2003). Uma observação de diferenças de um único dia de negociação de opções de compra é definida como in the money, quando o preço de mercado correspondente é 1,05 vezes o preço de exercício ou superior. Uma observação é considerada out of the money quando o preço de mercado é 0,95 vezes o preço de exercício ou inferior. Por último, mas não menos importante, uma observação está at the money quando o preço de mercado está entre estes dois limites. Analogamente às opções de venda, uma observação é considerada in the money quando o preço de mercado é 0,95 vezes o preço de exercício ou inferior, out of the money quando o preço de mercado é 1,05 vezes o preço de exercício ou superior e at the money quando o preço de mercado se situa entre estes dois limites. O segundo elemento sobre o qual decidimos subdividir a nossa amostra é o facto de um contrato ser sobrevalorizado ou subvalorizado no modelo. Para o efeito, definimos simplesmente um resultado como sobrevalorizado quando a diferença percentual entre o preço de mercado e o preço teórico é positiva e como subvalorizado quando é negativa. Estamos convencidos de que este tipo de análise será muito útil para a nossa investigação, a fim de, em primeiro lugar, efetuar classificações e análises mais profundas e, em segundo lugar, encontrar algumas caraterísticas interessantes entre os contratos de opções.

3.3.1 Análise exploratória dos dados

A análise exploratória de dados é importante no que respeita à decisão sobre qual o teste específico necessário para verificar uma determinada hipótese. A questão é sempre a de saber se os dados podem ser considerados normalmente distribuídos. No caso de uma distribuição normal, os testes paramétricos, como o teste t e o teste z, são os mais adequados, ao passo que precisamos de testes não paramétricos quando não há indicação de uma distribuição normal. O teste não paramétrico mais comum neste contexto é o "teste Mann-Whitney-U". Assim, o primeiro passo na análise empírica é descobrir se a hipótese de distribuição normal é aceitável ou não. Para o efeito, o estatístico analisa normalmente o gráfico de quantis e quantis ("qq-Plot"). Se os pontos de dados da amostra se distribuírem ao longo da linha reta, o pressuposto da distribuição normal mantém-se e podem ser aplicados testes paramétricos durante a estatística inferencial. No entanto, se os pontos de dados não seguirem esta reta, temos de assumir que a amostra não está normalmente distribuída, o que requer o teste não paramétrico Mann-Whitney-U para a parte inferencial. É evidente que, como precisamos de interpretar a nossa amostra como uma série cronológica, fazemos as estatísticas exploratórias com base na variante de agregação. Além disso, como estamos interessados em desvios absolutos de zero e, portanto, precisamos de evitar a neutralização devido a valores positivos e negativos, referimo-nos aqui a percentagens de valor absoluto.

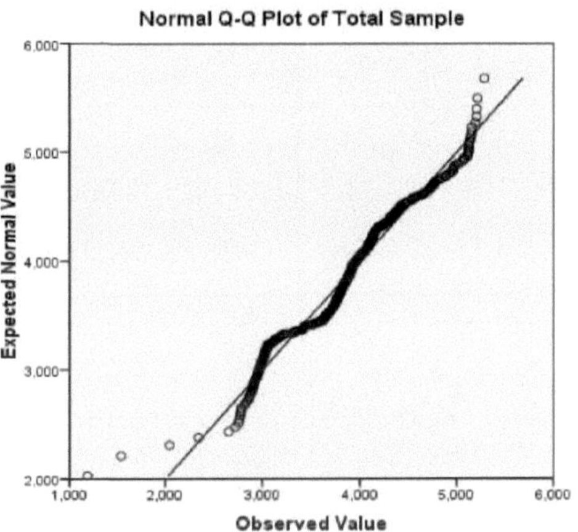

Figura 9 QQ-Plot para as opções de compra

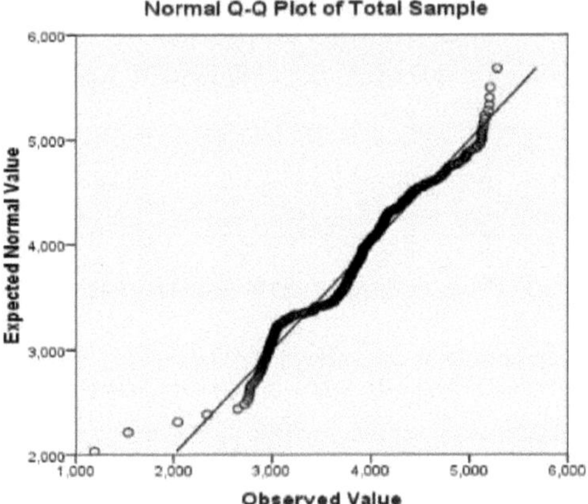

Figura 10 QQQ-Plot para as opções de venda

A decisão relativa ao gráfico qq é um pouco mais difícil e é orientada pela nossa experiência na análise de dados financeiros. Mesmo que os pontos no gráfico qq pareçam estar quase sobre a linha reta, é problemático assumir uma distribuição normal. Este facto é confirmado quando observamos as caudas gordas e o centro do gráfico. Isto significa que, em ambos os casos, temos de recorrer ao teste de hipóteses Mann-Whitney-U.

3.4Medida   da localização e dispersão da amostra

Dia da caminhada com base no exame das diferenças percentuais

Período	N	Mínimo	Máximo	Média	Desvio padrão
Antes dos acidentes	237	1,189.59	5283.64	3590.37	687.7063
Após os acidentes	257	3514.51	5,213.21	4099.93	377.7382

Tabela 1A: Estatísticas descritivas da opção de compra (amostra total)

Período	N	Mínimo	Máximo	Média	Desvio padrão
Antes dos acidentes	0	0	0	0	0
Após os acidentes	8	3580.902	4504.55	3977.20	298.846

Tabela 1B: Estatísticas descritivas para opção de compra (fora do dinheiro)

Período	N	Mínimo	Máximo	Média	Desvio padrão
Antes dos acidentes	237	2658.88	5283.64	3602.92	653.66
Após os acidentes	242	3514.512	5429.29	4112.98	400.7756

Tabela 1C: Estatística Descritiva para Opção de Compra (At the Money)

Período	N	Mínimo	Máximo	Média	Desvio padrão
Antes dos acidentes	0	0	0	0	0
Após os acidentes	7	3797.03	4773.662790	4232.8900	441.8929

Tabela 1D: Estatísticas descritivas para a opção de compra (In the Money)

De imediato reconhecemos que, tanto na amostra total como nas três subamostras, todas as medidas descritivas da amostra apresentam um aumento no segundo período em relação ao primeiro. A localização da série temporal, ilustrada pela média e amplitude, aumenta e também a dispersão da série temporal, expressa pelo desvio padrão, aumenta. Isto sugere a hipótese de que uma crise financeira faz com que os desvios de preços mudem no seu grau de desvio. Na amostra total e na categoria dinheiro, verificamos que o desvio-padrão era maior antes do que depois das crises. O que significa que o preço de mercado era normal antes do crash. Isto é possível para a identificação do desvio-padrão com a fórmula de Black-Scholes. Se analisarmos mais pormenorizadamente a avaliação, verificamos também que o número de observações válidas para as opções "in the money" é de apenas sete no período após os crashes. Este facto deve-se à queda maciça do preço de mercado, que fez com que muitas opções de compra ficassem fora do dinheiro. A verificação deste resultado é possível para a fórmula de Black-Scholes. O resultado para as opções de venda será o oposto. Isto pode ser verificado nos próximos parágrafos. No entanto, podemos salientar que é a categoria at the money que é a grande responsável pelo quadro da tabela 1A.

A seguir, as mesmas avaliações e sugestões serão feitas com o exemplo da opção de venda:

Período	N	Mínimo	Máximo	Média	Desvio padrão
Antes dos acidentes	237	854.48	4592.75	3165.43	609.295
Após os acidentes	257	3067.1592	4549.6383	3583.1687	333.9562

Quadro 2A: Estatísticas descritivas para a opção de venda (amostra total)

Período	N	Mínimo	Máximo	Média	Desvio padrão
Antes dos acidentes	0	0	0	0	0
Após os acidentes	7	3797.03	4773.66	4232.890	441.8929

Tabela 2B: Estatísticas descritivas Opção de venda (fora do dinheiro)

Período	N	Mínimo	Máximo	Média	Desvio padrão
Antes dos acidentes	237	2658.88	5,283.64	3602.92	653.6623
Após os acidentes	242	3514.511	5429.2896	4114.720	400.8608

Tabela 2C: Estatísticas descritivas Opção de venda (At the Money)

Período	N	Mínimo	Máximo	Média	Desvio padrão
Antes dos acidentes	0	0	0	0	0
Após os acidentes	8	3580.902	4504.5464	3977.1970	298.846

Tabela 2D: Estatísticas descritivas Opção de venda (In the Money) A partir das tabelas acima é possível encontrar algumas tendências comuns entre as quatro categorias: no período que se segue, todas as medidas de localização e dispersão, tais como valor máximo, média e desvio padrão, são caracterizadas por valores mais elevados em comparação com o período anterior aos crashes. Este facto mostra-nos claramente que este acontecimento específico alterou as condições dos mercados financeiros e teve um impacto profundo na forma como os investidores fixaram os preços dos instrumentos financeiros. Na amostra total e na categoria, também aqui vemos que o desvio-padrão foi superior ao crash. Isto indica que o preço de mercado era regular antes e irregular depois. Além disso, é interessante notar que as opções "out of the money" parecem ter sido muito mais afectadas pelo evento do que as opções "at the money" ou "in the money", uma vez que o desvio padrão saltou de 0 para 441%, enquanto nos outros tipos de contratos apenas saltou de 653 para 400% ou de 0 para 298%, respetivamente. Esta solução foi efectuada com a ajuda da fórmula de Black-Scholes. Sabemos que, se o desvio-padrão for pequeno, a fórmula funciona bem. Mas é o oposto no caso do mercado de acções. Isso significa que o modelo de Black-Scholes funciona melhor em dias de negociação normais do que em dias de crash.

3.4.1 Exame baseado numa única observação das diferenças percentuais reais

Concentrar-se no tipo de erro de fixação de preços:

Neste parágrafo, analisamos as diferenças de preço em percentagem para as opções de compra e de venda. Os quadros que se seguem contêm, em cada caso, uma comparação entre as proporções de contratos cujo preço teórico era inferior ao preço de mercado, em situação de subvalorização, e de contratos cujo preço teórico era superior ao preço de mercado, em situação de sobrevalorização. Estas proporções são apresentadas tanto em números absolutos como em percentagens e são diferenciadas entre os períodos e o facto de as opções estarem out of the money, in the money ou at the money.

Período total	Fora do dinheiro	No dinheiro	No dinheiro	Amostra total
Número de observações	8	479	7	494
Subavaliação	8	479	7	494
Preços excessivos	0	0	0	0
Percentagem de subavaliação	100%	100%	100%	100%
Percentagem Preço excessivo	0	0.64%	0	0%
Antes dos acidentes				
Número de observações	0	237	0	237
Subavaliação	0	10	0	10
Preços excessivos	0	0	0	0

Percentagem de subavaliação	0	4%	0	4%
Percentagem Preço excessivo	0	0%	0	0%
Após os acidentes				
Número de observações	8	242	7	257
Subavaliação	8	242	7	257
Preços excessivos	0	0	0	0
Percentagem de subavaliação	100%	100%	100%	100%
Percentagem Preço excessivo	0	0	0	0

Tabela 3A: Erro de avaliação incorrecta para opções de compra

Se considerarmos a amostra total, podemos afirmar que o modelo de Black-Scholes tende a subavaliar as opções. Este é o caso para os três períodos diferentes. Para além disso, podemos observar que no período após os crashes, a sobredeclaração dos preços reais de mercado foi ainda mais distinta do que antes deste evento ou no período total. Esta observação também é válida para os três tipos de moneyness. As opções "at the money" após 5th de dezembro têm uma tendência especialmente elevada para serem subavaliadas, mas há que ter em conta que existem 242 comparações de preços que entram nesta figura. Obtemos uma imagem ainda mais extrema para as opções in the money: nesta categoria, restam apenas 7 observações de preço único após os crashes e as opções out of the money restam apenas 8 observações de preço único após os crashes.

Período total	Fora do dinheiro	No dinheiro	No dinheiro	Total da amostra
Número de observações	7	479	8	494
Subavaliação	7	479	8	494
Preços excessivos	0	0	0	0

Percentagem de subavaliação	100%	100%	100%	100%
Percentagem Preço excessivo	0%	0%	0%	0%
Antes dos acidentes				
Número de observações	0	237	0	237
Subavaliação	0	237	0	237
Preços excessivos	0	0	0	0
Percentagem de subavaliação	0%	100%	0	100%
Percentagem Preço excessivo	0%	0%	0%	0%
Após os acidentes				
Número de observações	7	242	8	257
Subavaliação	7	242	8	257
Preços excessivos	0	0	0	0
Percentagem de subavaliação	100%	100%	100%	100%

Percentagem Preço excessivo	0	0%	0%	0%

Quadro 3B: Erro de avaliação do preço das opções de venda

Do quadro 3B podemos retirar algumas conclusões úteis: os contratos out of the money parecem estar subavaliados no período posterior. Se olharmos para a amostra total, também obtemos apoio para a afirmação de que Black-Scholes tende a produzir uma maior proporção de subvalorização no período de crash do que o habitual. Com uma argumentação simétrica à interpretação anterior da tabela 3A, encontramos um pequeno aumento (de 0 para 7) nas opções out of the money na tabela 3B. Naturalmente, isto deve-se à crise financeira e ao crash dos mercados bolsistas mundiais, o que significou um pequeno deslize para dentro do dinheiro para as opções de venda DSE-20. Além disso, se observarmos as estatísticas relativas às opções in the money, é possível verificar que, para o período total com 8 preços válidos, 0% estão sobrevalorizadas, mas, ao contrário das opções de compra, a proporção de valores sobrevalorizados diminuiu durante a crise. A Tabela 3B mostra uma subvalorização geral em ambos os períodos para as opções at the money, mas uma proporção ainda mais distinta de subvalorização no período pós-crise.

Concentrar-se no intervalo dos desvios

Esta investigação tem um objetivo diferente da anterior. Neste caso, não prestamos atenção ao facto de o desvio de preços poder ser positivo ou negativo, o que resulta numa sub ou sobreavaliação dos preços. Em vez disso, contamos as diferenças de preços em três intervalos diferentes e, por conseguinte, trabalhamos com as diferenças ajustadas ao valor absoluto. Os intervalos têm caraterísticas diferentes em termos da gravidade do desvio entre o preço modelo e o preço de mercado. Na prática, reunimos todos os preços que apenas se afastam cinco por cento do preço de mercado em cada uma das primeiras categorias. A segunda categoria apresenta desvios até dez por cento do preço de mercado e a terceira categoria contém desvios até vinte por cento do preço de mercado. Tal como no parágrafo anterior, também apresentamos uma imagem pormenorizada com base na liquidez e no período específico.

Período total	Fora do dinheiro	No dinheiro	No dinheiro	Total da amostra
Número de observações	8(1.62%)	479(96.96%)	7(1.42%)	494
(+/-5%)	0.45	24	0.4	24.57
(+/-10%)	0.9	48	0.8	49.5

(+/-20%)	1.8	96	1.6	99
P ercentagem(+/-5%)	5.63%	5.01%	5.71%	4.97%
Percentagem (+/-10%)	11.25%	10.02%	11.43%	10.02%
Percentagem (+/-20%)	22.50%	20.04%	22.86%	20.04%
Antes dos acidentes				
Número de observações	0	237(100%)	0	237
(+/-5%)	0.05	11.9	0.05	11.9
(+/-10%)	0.1	23.8	0.1	23.8
(+/-20%)	0.2	47.6	0.2	47.6
Percentagem (+/-5%)	0	5.02%	0	5.021%
Percentagem (+/-10%)	0	10.04%	0	10.04%
Percentagem (+/-20%)	0	20.08%	0	20.08%

Após os acidentes				
Número de observações	8(3.17%)	242(94.03%)	7(2.77%)	257
(+/-5%)	0.45	12.15	0.4	12.9
(+/-10%)	0.9	24.3	0.8	25.8
(+/-20%)	1.8	48.6	1.6	51.6
Percentagem (+/-5%)	5.63%	5.00%	5.71%	5.019%
Percentagem (+/-10%)	11.25%	10.04%	11.43%	10.03%
Percentagem (+/-20%)	22.50%	20.08%	22.86%	20.07%

Quadro 4A: Grau de desvio em relação ao preço de mercado das chamadas.

Comecemos novamente com os resultados da amostra total. À primeira vista, a informação é bastante frustrante, uma vez que apenas 20 por cento de todos os preços (período total e amostra total) estão situados no intervalo de 20 por cento. O que consideramos muito interessante neste quadro 4A é a comparação do período anterior aos crashes com o período posterior. Aqui verificamos que, antes dos crashes, 20,08% de todas as opções tinham um preço dentro de um intervalo de desvio de 20%, depois dos crashes só encontramos 20,07%, com um desvio igual ou inferior a 20% do preço de mercado. Outra conclusão interessante do quadro 4A é que as opções "in the money" e, em certa medida, as opções "at the money" apresentam uma proporção bastante elevada dentro do intervalo de desvio de vinte por cento.

Assim, para as opções subjacentes a um desses tipos de dinheiro, o modelo de fixação de preços Black-Scholes fez um trabalho "aceitável".

Podemos retirar números da tabela 4A para reforçar este ponto: a amostra total apresenta uma percentagem de 5,021 (antes) e 5,019 (depois) no intervalo de desvio de cinco por cento. vamos continuar a examinar este fenómeno e efetuar uma análise inferencial sobre esta mesma hipótese: o suporte estatístico de que as diferenças de preços entre os preços teóricos e os preços de mercado diferem se tiverem origem num período "normal" ou num "período de crash".

Período total	Fora do dinheiro	No dinheiro	No dinheiro	Total da amostra
Número de observações	7(1.42%)	479(97.36%)	8(1.62%)	494
(+/-5%)	0.4	24	0.45	24.57
(+/-10%)	0.8	48	0.9	49.5
(+/-20%)	1.6	96	1.8	99
P ercentagem(+/-5%)	5.71%	5.01%	5.63%	4.97%
Percentagem (+/-10%)	11.43%	10.02%	11.25%	10.02%
Percentagem (+/-20%)	22.86%	20.04%	22.50%	20.04%
Antes dos acidentes				
Número de observações	0	237(100%)	0	237(100%)
(+/-5%)	0.05	11.9	0.05	11.9
(+/-10%)	0.1	23.8	0.1	23.8
(+/-20%)	0.2	47.6	0.2	47.6
Percentagem (+/-5%)	0	5.02%	0	5.021%
Percentagem (+/-10%)	0	10.04%	0	10.04%
Percentagem (+/-20%)	0	20.08%	0	20.08%
Após os acidentes				

Número de observações	7(2.77%)	242(94.03%)	8(3.17%)	257
(+/-5%)	0.4	12.15	0.45	12.9
(+/-10%)	0.8	24.3	0.9	25.8
(+/-20%)	1.6	48.6	1.8	51.6
Percentagem (+/-5%)	5.71%	5.00%	5.63%	5.019%
Percentagem (+/-10%)	11.43%	10.04%	11.25%	10.03%
Percentagem (+/-20%)	22.86%	20.08%	22.50%	20.07%

Tabela 4B: Grau de desvio do preço de mercado para Puts

Mais uma vez, gostaríamos de começar a descrição e a apresentação dos resultados na tabela 4B olhando para a amostra total: podemos ver que quase 20,04% de todos os desvios de preços estão localizados no intervalo de 20%, 10,02% estão no intervalo de 10% e 4,97% dos dados estão localizados no intervalo de 5%. No que respeita ao período anterior ao nosso evento, é possível verificar que quase 20,08% de todos os contratos de opções foram cotados dentro do intervalo de desvio de 20%, e para o período após os crashes a percentagem é praticamente a mesma, apresentando 20,07% com um desvio igual ou inferior a 20% do preço de mercado. Isto significa que, contrariamente às conclusões relativas às opções de compra, não encontramos um apoio empírico tão forte para a afirmação de que os desvios de preços diferem consoante têm origem no primeiro ou no segundo período.

Relativamente às opções "out of the money", é possível argumentar que, no período total, apenas 22,86% dos dados se encontram dentro dos limites de 20%, 11,43% estão situados no intervalo de 10% e apenas 5,71% no intervalo de 5%. Mas este fenómeno deve-se provavelmente à relativa escassez de dados disponíveis. Por outro lado, podemos verificar na tabela 4B que as percentagens de contratos de opções "in the money" dentro dos três limites são de 5,63%, 11,25% e 23%.

3.4.2 Teste de hipóteses

A estatística inferencial é utilizada sempre que um estatístico pretende encontrar apoio empírico para uma determinada hipótese. Existem métodos para testar hipóteses com software estatístico, como o SPSS, que utilizámos para esta tese. temos de utilizar o teste não paramétrico Mann-Whitney-U. A ideia básica do teste de hipóteses consiste em formular a afirmação oposta à que se pretende provar. De seguida, tenta-se encontrar indicadores que recomendem a rejeição da hipótese nula. Estes indicadores são fornecidos pela estatística inferencial. A única coisa que um software como o SPSS faz quando se clica no botão "teste de hipóteses" é avaliar se a amostra contradiz a hipótese. Um fator adicional que o estatístico tem de decidir é o nível de confiança que pretende atingir no seu teste. Os níveis de confiança mais comuns são 95 e 99%, ou seja, em cinco ou um por cento de todos os casos é aceite uma falsa rejeição. Decidimos utilizar o intervalo de confiança de 95%, uma vez que a nossa amostra é suficientemente grande. Uma regra geral consiste em utilizar um intervalo de confiança amplo (por exemplo, 99%) quando se tem menos confiança na amostra e utilizar um intervalo de confiança estreito (por exemplo, 95%) quando a dimensão da amostra é suficientemente grande. Referimo-nos à perspetiva das séries cronológicas, uma vez que investigamos se o grau de desvios no período anterior aos crashes é diferente do grau de desvios no período posterior aos crashes. Assim, utilizamos dados baseados em dias de negociação e em valores absolutos.

Hipótese nula

Não existe apoio estatístico para o facto de as diferenças de preços entre os preços teóricos e os preços de mercado diferirem quer tenham origem num período normal ou num período de turbulência. Mais precisamente, as diferenças de preços entre os preços teóricos e os preços de mercado não diferem consoante tenham origem num período normal ou num período de turbulência.

Resumo do teste de hipóteses

Hipótese nula	Teste	Sinal	Decisão
1. A distribuição da amostra total é a mesma em todas as categorias de período	Amostras independentes Teste U de Mann-Whitney	.000	Rejeitar a hipótese nula
2. A distribuição de Out of the money é a mesma em todas as categorias de período	Amostras independentes Teste U de Mann-Whitney	.0304	Manter a hipótese nula
3. A distribuição de no dinheiro é a mesma em todas as categorias de período	Amostras independentes Teste U de Mann-Whitney	.000	Rejeitar a hipótese nula
4. A distribuição de no dinheiro é a mesma em todas as categorias de período	Amostras independentes Teste U de Mann-Whitney	.0518	Manter a hipótese nula

São apresentadas as significâncias assimptóticas. O nível de significância é de 0,05

Quadro 4C: Resultado da opção de compra

Resumo do teste de hipóteses

Hipótese nula	Teste	Sinal	Decisão
1. A distribuição da amostra total é a mesma em todas as categorias de período	Amostras independentes Teste U de Mann-Whitney	.000	Rejeitar a hipótese nula
2. A distribuição de Out of the money é a mesma em todas as categorias de período	Amostras independentes Teste U de Mann-Whitney	.0518	Manter a hipótese nula
3. A distribuição de no dinheiro é a mesma em todas as categorias de período	Amostras independentes Teste U de Mann-Whitney	.000	Rejeitar a hipótese nula
4. A distribuição de no dinheiro é a mesma em todas as categorias de período	Amostras independentes Teste U de Mann-Whitney	.0736	Manter a hipótese nula

São apresentadas as significâncias assintóticas. O nível de significância é de 0,05

Quadro 4D: Resultado para a opção de venda

A partir das tabelas acima, podemos tirar algumas conclusões importantes sobre a forma como os investidores precificam as opções durante as duas janelas de tempo em nosso horizonte. Como podemos observar, a hipótese nula é rejeitada a um nível de confiança de 95% para os contratos de opções de compra e de venda nas categorias amostra total e at the money.

Isto significa que não existe suporte estatístico para o pressuposto de que os desvios dos preços reais de mercado se distribuem de forma semelhante nas duas janelas temporais. A diferença entre os dois resumos de teste está relacionada com a definição diferente, mas simétrica, de "moneyness" que é inerente à sua classificação. Não existe diferença no caso do at the money, uma vez que esta categoria reflecte os contratos cujo preço de exercício se aproxima do preço do índice, o que se aplica tanto às opções de venda como às opções de compra. Veremos que as explicações para a não rejeição das hipóteses 2 e 4 do quadro 4C estão diretamente relacionadas com as explicações para a não rejeição das hipóteses 2 e 4 do quadro 4D. Há duas razões possíveis para estes fenómenos. Ou é efetivamente verdade que a credibilidade de Black-Scholes é a mesma nos dois períodos ou não há confiança suficiente nos dados. Tendemos a votar a favor do segundo argumento, uma vez que no período após os crashes do DSE-20 só podemos trabalhar com 7 transacções em 257 ou 7 desvios de preços observados individualmente em 257 no caso das opções de compra. No caso da venda, são 7 transacções em 257 ou 7 desvios de preços observados individualmente em 257.

Conclusão

Nos tempos financeiros modernos, os agentes económicos devem ser capazes de fixar o preço de instrumentos financeiros estruturados em apenas alguns segundos para lidar com variáveis de entrada alteradas para um bom e mau preço. O Bangladesh é um país em desenvolvimento onde o mercado bolsista é um indicador económico do país. Mas a crise da bolsa de valores no Bangladesh é um grande abalo para a sua economia. O nosso trabalho investigou o desempenho do modelo Black-Scholes para determinar o preço das opções de índice em duas janelas temporais diferentes. A análise empírica mostra que, durante a crise financeira, o modelo de Black-Scholes não tende a reagir rapidamente às alterações da volatilidade do mercado. O resultado consiste principalmente na análise das diferenças percentuais entre os preços de mercado e os preços teóricos. Estas diferenças são significativamente mais elevadas durante o período anormal do que durante o período normal. Além disso, verifica-se que o modelo de Black-Scholes apresenta ainda maiores imprecisões na determinação do preço das opções de compra do que das opções de venda. A investigação empírica revelou diferenças significativas na forma como os investidores fixam o preço das opções de compra e de venda sobre o índice DSE-20 no período anterior e posterior ao crash do mercado de capitais. Esta impressão é confirmada pelas estatísticas sobre a magnitude dos desvios percentuais em relação aos preços de mercado.

Referências

Aglietta, M., (2008). Understanding the Structured Credit Crisis, Centro de Investigação CEPII, edição 275, fevereiro.

Andrea Angeli e Cornelius Bonz (2010). Changes in the creditability of the Black-Scholes option pricing model due to financial turbulences. Tese de mestrado, Departamento de Ciências Financeiras, Universidade de Umea, Suécia. p(15-18).

Alam (2011). "From Dhaka Effect of Policy Reforms on Market Efficiency: Evidence Stock Exchange". Economics Research International, Artigo ID 864940, 2011.p.1-8.

Bepari, M.K. e A. Mollik. (2008), "Bangladesh stock market growing? Key indicators based assessment", *Journal of Business Administration,* Vol.7(2).

Bodie, Z.; Kane, A., e Marcus, A. J. (2003). Investments, The McGraw-Hill Companies.

Bryman, A. e Bell, E. (2007). Business Research Methods, Oxford University Press.

Bodurtha, J.N. e Courtadon, G.R, (1987). "Test of an American Option Pricing Model on the Foreign Currency Option Market", *Journal of Financial and Quantitative Analysis*, Vol.22 (2).

Black, F., & Scholes, M., 1973, The Pricing of Options and Corporate Liabilities, *The Journal of Political Economy*, Vol.81(3): 637-654.

Chriss, N. (1996). Black-Scholes and Beyond: Option Pricing Models, The McGraw-Hill companies.

Carlson, M., 2006. A Brief History of the 1987 Stock Market Crash with a Discussion of the Federal Reserve Response" [Uma breve história do crash da bolsa de 1987 com uma discussão sobre a resposta da Reserva Federal].

Cox, J. C.; Ross, S. A. e Rubinstein, M. (1979). "Option Pricing: a Simplified Approach". *Journal of Financial Economics Vol.*7: 229-263.

De Bondt; W. F. M. e Thaler, R. (1984). "Does Stock Market Overreact?", *The Journal of Finance*, Vol.40: 793-805.

Economy watch, 2010. A Brief Introduction to the Dhaka Stock Exchange (Uma breve introdução à Bolsa de Valores de Daca).

Hafer, R. W. e Hein, S. E. (2007). The stock market. Greenwood Press.

Hirshleifer, D. (2001). "Investor Psychology and Asset Pricing", *The Journal of Finance, Vol. 56(4)*.

Itskevich, J., (2002). What Caused the Stock Market Crash of 1987?

Khaled K. I.,(2011).A short view on Indices of Dhaka Stock Exchange. Relatório de investigação do Comité de Sondagem. Khan e outros, 2009

Mansur A., 2010. O mercado em alta é sustentável? Volume 3, número 4, The daily star.

Money-Zine, (2011). Quebra da bolsa de valores de 1987.

McKenzie, Gerace e Subedar (2007). "An empirical investigation of the Black-Scholes model: evidence from the Australian Stock Exchange", *Financial Journal of Australasian Accounting Business,* Vol.1(4),Art-5.

Merton, R. C. (1971). "Theory of rational Option Pricing", *Bell Journal of Economics and Management Sience*, Vol. 4:141-183.

Nielsen, L. T., 1992, *Understanding N(d1) and N(d2): Risk-Adjusted Probabilities in the Black & Scholes Model*, INSEAD, p 1-2.

Kuldeep Shasti e Kishore Tandon (1986). "An Emprical Test of a Valution for American Option on Futures Contracts", *Journal of Financial and Quantitative Analysis*, Vol.21 (4):377-392.

Pape, U., & Merk, A., 2003, *Zur Angemessenheit von Optionspreisen*, ESCP-EAP, Berlim.

Rashid M., (2008). The potential of the Bangladesh Capital Market (O potencial do mercado de capitais do Bangladesh). The Daily Star, Forum, Vol.3(5).

Whaley, R. E.(1982), "Valuation of American Call Options on Dividend-Paying Stocks: Empirical Tests", *Journal of Financial Economics,* Vol.10 p. 29-58.

Xuefeng Wang e Lin Wang, (2009). "Study on Black-Scholes Option pricing model based on general linear investment strategy" [Estudo do modelo de fixação de preços de opções Black-Scholes baseado numa estratégia de investimento linear geral]. *Revista Internacional de Computação Inovadora*, Vol.5:1349-4198.

More
Books!

info@omniscriptum.com
www.omniscriptum.com
OMNIScriptum

Printed by Books on Demand GmbH, Norderstedt / Germany